DORNIER

WERKSGESCHICHTE UND FLUGZEUGTYPEN

DELIUS KLASING VERLAG

Bibliografische Information der Deutschen Nationalbibliothek
Die Deutsche Nationalbibliothek verzeichnet diese Publikation in der
Deutschen Nationalbibliografie; detaillierte bibliografische
Daten sind im Internet über http://dnb.d-nb.de abrufbar.

2., überarbeitete Auflage
ISBN 978-3-7688-2610-5
© by Delius, Klasing & Co. KG, Bielefeld

Die erste Auflage mit dem Titel »Dornier. Eine Dokumentation
zur Geschichte des Hauses Dornier« erschien 2003 bei der
Dornier GmbH, 88039 Friedrichshafen

Herausgeber: Dornier Stiftung für Luft- und Raumfahrt,
mit freundlicher Genehmigung der EADS Deutschland GmbH
Überarbeitung: Jörg-M. Hormann, Wolfgang Köhler, Franz Selinger
Layout: Ekkehard Schonart
Schutzumschlaggestaltung: Gabriele Engel
Druck: Kunst- und Werbedruck, Bad Oeynhausen
Printed in Germany 2009

Delius Klasing Verlag, Siekerwall 21, D - 33602 Bielefeld
Tel.: 0521/559-0, Fax: 0521/559-115
E-Mail: info@delius-klasing.de
www.delius-klasing.de

Inhalt

Vorwort

Dornier – ein Name, der Weltruf genießt durch Leistungen, die sich eingeprägt haben und an die sich viele auch heute noch erinnern.

Leben und Wirken Claude Dorniers haben sich weitgehend im »deutschen Jahrhundert« abgespielt. Zwei vernichtende Weltkriege zwangen ihn, jeweils wieder bei Null anzufangen. Doch beide Male konnte er mit seinen Flugzeugentwicklungen zur Weltspitze aufschließen, was den Stand der Technik, die industrielle Fertigung und die Fürsorge für seine Mitarbeiter betraf. Er steuerte seine Firma durch alle Wirrnisse wirtschaftlicher Krisen und politischer Probleme, ohne seine hochgesteckten Ziele jemals aus den Augen zu lassen.

Sein Lebenswerk ist verbunden mit dem Entwurf und dem Bau von Flugzeugen, die dann in den Händen hervorragender Besatzungen Leistungen vollbrachten, die im wahren Sinn des Wortes die Welt bewegten. Die Meldungen darüber waren zu ihrer Zeit in aller Munde. Hauptmerkmal seiner Konstruktionen war die fast ausschließliche Verwendung von Leichtmetall als Baustoff für die Struktur seiner Flugboote oder Landflugzeuge. Sein erfolgreichster Entwurf, der Dornier »Wal«, wurde zu einer Legende der Luftfahrt. Mit Amundsen am Nordpol, mit Franco über den Atlantik oder mit DLH-Besatzungen bei den Postflügen auf dem Südatlantik. Der »Wal« umkreiste mit Flugpionier von Gronau am Steuerrad den Globus und erschloss die Nordroute über den Atlantik. Dazwischen entstand die gigantische, zwölfmotorige Do X, damals das größte Flugzeug seiner Zeit. In den 1930er- und frühen 1940er-Jahren, dann wieder unter Kriegsbedingungen, brachte Dornier Flugzeuge wie die Do 17 und schließlich die Do 335 heraus, die eindeutig zur technologischen Weltspitze des Flugzeugbaus gehörten. Nach dem Zweiten Weltkrieg war es die Do 27, die seinen Namen erneut in alle Welt brachte, und schließlich der senkrecht startende Transporter Do 31, dessen Rekordflüge bis heute unübertroffen in den Annalen stehen.

Betrachtet man Claude Dorniers Schaffen, von dem dieses Buch Zeugnis ablegt, so zeigt sich bei all seinem Suchen nach neuen Lösungen doch stets das Festhalten an dem, was sich bewährt hatte und als richtig erkannt worden war. Dass Claude Dornier diesen seinen Weg unbeirrt verfolgt hat, lässt einen seiner wesentlichen Charakterzüge erkennen.

Als Professor Claude Dornier am 5. Dezember 1969 in Zug in der Schweiz starb, strebte sein Lebenswerk, in der Hand seiner Familie, zu neuen technologischen Höhepunkten mit vielfältigen Zielen, z. B. in der Medizintechnik. Durch all diese Tätigkeiten konnte sich der Name Dornier nach 1945 noch ein gutes halbes Jahrhundert halten, bevor auch er nostalgischen Klang bekam. Das seinem Werk gewidmete Museum in Friedrichshafen wird die Erinnerung an ihn bewahren.

Möge dieses Buch, das hier in zweiter, überarbeiteter Auflage erscheint, einem großen Kreis von interessierten Lesern Einblick in das Lebenswerk eines der ganz Großen in der deutschen Luftfahrt gewähren.

Karl Kössler

Direktor des Luftfahrt-Bundesamtes i.R. und ehemaliger Dornier-Versuchspilot

Claude Dornier

» Ich war immer darauf bedacht, meine Kons-
truktionsgrundsätze unwandelbar weiterzuver-
folgen, auch auf die Gefahr hin, einmal als unmo-
dern zu gelten. Den Hauptteil unserer Erfolge ver-
danke ich dem Umstand, dass ich im Laufe des
Aufbaus unseres Werkes über Jahrzehnte eine
große Anzahl hervorragender Mitarbeiter, die in
unerschütterlicher Treue auch in schwerer Zeit
unserem Werke ihr Bestes gaben, zur Seite hatte.
Das Vertrauen auf diese Mitarbeit lässt mich auch
frohen Mutes in die Zukunft blicken. «

Ein neues Jahrhundert bricht an

Die Weltausstellung in Paris spiegelt den gigantischen Jahrmarkt der Technik wider, überragt vom Eiffelturm, einem Symbol der neuen Zeit. Millionen drängen sich staunend um die Fülle des Neuen. Von den Möglichkeiten der Technik in Bann gezogen, wendet sich die Jugend begeistert der Aufgabe des Jahrhunderts zu: mitzuarbeiten an den Fortschritten in Wissenschaft, Forschung und Technik. Einer unter den vielen ist der junge Claude Dornier.

Noch prägt nicht die Luftfahrt das Gesicht des jungen Jahrhunderts. Trotz der Gleitflüge Lilienthals stehen kennzeichnend für den Begriff »Luftfahrt« immer noch die Gasblasen der Ballons. Aber das Jahrhundert der Ballonfahrt geht zu Ende. Am 2. Juli 1900 steigt das erste starre Luftschiff des Grafen Zeppelin vom Schwäbischen Meer auf – LZ 1 fliegt. Und im Oktober beginnen die Brüder Wright in den Dünen von Kitty Hawk die Flugversuche mit ihrem Aeroplane. Am 17. Dezember 1903 gelingt ihnen der erste Motorflug mit einem Apparat, der schwerer ist als die Luft. Wenige Jahre später hat die Luftfahrt schon einen gewaltigen Aufschwung genommen. Auf dem Flugplatz Johannisthal treffen sich 1910 die deutschen Flieger mit gleichgesinnten ausländischen Freunden. Die Flugwochen jagen sich. Auf fünf Stunden, drei Minuten, fünf Sekunden steht der Weltrekord im Dauerflug. Aber noch ist das Flugzeug ein Sportgerät, nichts weiter. An seinen Einsatz als Verkehrsmittel denken wenige. Am Bodensee sind bisher acht Zeppelin-Luftschiffe entstanden. Ihrem Bau gingen endlose Kämpfe und Rückschläge voraus. Erst die spontane Hilfsbereitschaft, mit der das ganze Volk nach dem Brand des Luftschiffes LZ 4 in Echterdingen, am 4. August 1908, durch großzügige Spenden die Fortsetzung der aeronautischen Versuche ermöglichte, ergab die Grundlage für die späteren Erfolge. LZ 5 ist am 29./30. Mai 1908 38 Stunden ununterbrochen in der Luft geblieben. Beim Kaiser-Manöver 1909 übernimmt ein Zeppelin die Luftaufklärung. Ein erster Abschnitt technischer Vollendung ist abgeschlossen. Man beginnt die Verkehrsluftfahrt. Im November 1909 wird die Delag gegründet.

Die »Deutschland«, mit einer geräumigen Passagierkabine versehen, fährt 1910 unter des Grafen Zeppelin persönlicher Führung von Friedrichshafen nach Düsseldorf, und 1911 entsteht mit der »Schwaben« der Grundtyp für alle weiteren Zeppelin-Luftschiffe.

... bis zur Abteilung »Do«

Die Dornier stammen aus einem französischen Geschlecht, das im Departement Isère ansässig war. Im Jahre 1862 kommt Dauphin Dornier als Professor für Sprachen nach Kempten, wo er sich nach dem Krieg 1870/71 für dauerhaft niederlässt und eine Kemptener Bürgerstochter aus der Familie Buck heiratet. Am 14. Mai 1884 wird als erster Sohn Claude Dornier in Kempten geboren. Er wächst im elterlichen Heim auf und besucht das städtische Realgymnasium. Anschließend geht er nach München und studiert an der Technischen Hochschule, die wenige Jahr zuvor aus dem Polytechnikum hervorgegangen ist. München bietet dem jungen Studenten vielfältige Anregungen; Theater, Museen und Konzerte finden sein eifriges Interesse. Er ist aktiv bei einer schlagenden Studentenverbindung.

1907 legt Claude Dornier sein Examen ab. Der junge Diplomingenieur arbeitet zunächst als Statiker in der Maschinenfabrik Nagel in Karlsruhe, dann bei Luig in Illingen und im Eisenwerk Kaiserslautern.

1910 tritt Claude Dornier in den Luftschiffbau Zeppelin ein und erregt durch seine Fähigkeiten bald die Aufmerksamkeit des Grafen. 1911 beginnen die grundlegenden Untersuchungen über die Erhöhung der Festigkeit bei Metallprofilen. Im Mai gelingt es Claude Dornier, im Versuch die festigkeitserhöhende Wirkung der Bördelung an einem Aluminium-Winkelprofil nachzuweisen.

Dieser Versuch wird in Zukunft maßgebend die Profilgebung dünnwandiger, gedrückter Bauteile beeinflussen. Systematisch werden nun die verschiedensten Querschnittsformen untersucht. Daneben laufen zahlreiche andere Untersuchungen über die Entwicklungsmöglichkeiten starrer Luftschiffe. 1913 hat Graf Zeppelin solches Zutrauen zum Können Dorniers gewonnen, dass er ihn als persönlichen wissenschaftlichen Berater heranzieht. In engster Zusammenarbeit mit dem »alten Grafen« beginnt Claude Dornier mit den Vorarbeiten für ein riesiges Stahl-Luftschiff für den Transozean-Dienst. Eingehend werden Leistungsbewertung und Entwicklungsmöglichkeiten starrer Luftschiffe untersucht. Bald erkennt der Graf, dass er Claude Dornier größere Entfaltungsmöglichkeiten geben muss. Um die Jahreswende 1913/14 entsteht im Rahmen des Luftschiffbau Zeppelin die Abteilung »Do«. In einem kleinen Gaswerk an der Grenze des Luftschiffgeländes – dem Carbonium – erhält die neue Abteilung ihren Platz. Zwei Büroräume, eine kleine Werkstatt, ein Versuchsraum, dazu ein Ingenieur und zwei oder drei Techniker und Zeichner – wahrhaft ein bescheidener Anfang. Claude Dornier beschäftigt sich weiter mit den Möglichkeiten der Starrluftschiffe. Tief beeindruckt vom Besuch der Weltausstellung in Paris wendet sich sein Interesse aber immer mehr der Technik des Flugzeugbaus zu.

Das »Carbonium«.

Metallbauweise

Mit Kriegsbeginn, im Herbst 1914, entschließt sich Graf Zeppelin, den Bau von Flugzeugen aufzunehmen. Er gründet die Werft Seemoos bei Manzell und gibt Claude Dornier die Möglichkeit, seine Erfindungen und neuen konstruktiven Ideen für den Bau von Flugzeugen zu verwerten. Wo man einst die erste schwimmende Halle des Grafen Zeppelin auf dem Bodensee sehen konnte, entstehen für die damalige Zeit großzügig angelegte Versuchsanlagen.

Bisher waren Holz, Klavierdraht und Leinwand die bevorzugten Konstruktionselemente der Flugzeugbauer. Aber der Weitblick des Grafen Zeppelin und das Vertrauen in seinen Mitarbeiter führen ihn zu einem folgenschweren Entschluss: Er beauftragt Claude Dornier, in der neuen Werft metallene Riesenflugboote zu bauen. Damit ist eine Aufgabenstellung geschaffen, durch die ein Grundstein für die Entwicklung des Metallflugzeugbaus gelegt wird. Claude Dornier beginnt seine bisher geleisteten Vorarbeiten auf die neue Zielsetzung anzuwenden. Nur durch eine wissenschaftlich fundierte, ingenieurgemäße Bauweise ist die neue Aufgabe zu lösen.

Als Richtlinien für die systematische, konstruktive Durchbildung eines Flugzeuges ergeben sich Grundsätze, die für den gesamten Flugzeugbau der folgenden Jahrzehnte wegweisend sein werden: Alle tragenden Teile sollen aus Metall bestehen, Stahl oder Aluminium, je nach dem Grad der Beanspruchung.

Aus Blech gezogene Profile, geformt nach den Erfordernissen des Leichtbaus, sollen die Kräfte aufnehmen. Die Bauteile sollen durch Nieten oder Schrauben verbunden werden.

Die »Baracke«, erster Arbeitsplatz in Seemoos.

Es beginnt mit einem Riesenflugboot

Das Riesenflug-boot Rs IV weist erstmals die für die Dornier-Bau-weise charakte-ristischen Flos-senstummel auf.

12. Oktober 1915. Zum ersten Mal schwimmt Rs I auf dem Wasser des Bodensees. Nach längeren Rollversuchen werden Vorkehrungen für den ersten Flug getroffen. Drei 240-PS-Maybach-Motoren sollen den Giganten, mit 43,5 m Spannweite wohl das größte bisher gebaute Flugzeug, in die Luft heben.

Da macht am 22. Dezember 1915 ein Weststurm alle Erwartungen zunichte. Im fahlen Licht des Morgengrauens reißt sich Rs I von der Boje los, läuft auf einen Felsen, wird leckgeschlagen und vom Seegang vollends zerstört.

Aber die Entwürfe für die dreimotorige Rs II sind schon fertig. Trotz des Rückschlags wird sogleich mit dem Bau begonnen, und am 30. Juni 1915 erhebt sich das erste Dornier-Flugzeug in die Luft – als erstes eigenstabiles Boot auch von historischer Bedeutung. Nach gründlicher Erprobung

Eislandung des Libelle-Flugbootes.

wird es auf vier Motoren umgebaut (Rs IIb) und zeigt am 6. November 1915 erstmals die Tandem-Triebwerksanordnung, die für viele Entwicklungen Claude Dorniers ein markantes Kennzeichen werden. Die Metallbauweise wird in den Kriegsjahren auch in einer Reihe von kleineren Flugzeugen angewandt und weiterentwickelt. Am 3. November 1917 startet ein Flugzeug, das einen Rumpf ganz neuer Bauart aufweist. Die äußere Haut des kleinen zweisitzigen Doppeldeckers Cl 1 trägt mit. Die Schalenbauweise ist geboren. Diese von Claude Dornier entwickelte Bauart – Rahmenspanten in Verbindung mit glatter Blechhaut – wird später zur Standardbauweise.

Die Rs III, im Herbst 1917 fertiggestellt, soll nach Norderney überführt und an die Marine abgeliefert werden. Noch nie hat ein Seeflugzeug eine solche Strecke über Land zurückgelegt. In einen diesigen Himmel startet am 19. Februar 1918 Rs III um 9 Uhr 40 Minuten. Bald klart es auf, und nach siebenstündigem Flug wassert das riesige Flugboot in der Nordsee, querab der Flugstation Norderney. Alle fliegerischen Anforderungen sind glänzend erfüllt. Doch eine Frage ist noch offen: Wie wird sich das Boot im Seegang verhalten, unter den zum Bodensee ganz unterschiedlichen Verhältnissen in Nord- und Ostsee? Das Typen-Urteil der Marine gibt die Antwort: »Das Flugzeug bestand eine Seeprüfung bei Seegang 3–4, 10–11 m/s Wind mit einer Zuladung von 2000 kg ...«

Am 4. Juni 1918 zeigt der Erstflug der D I auch die vollkommene Beherrschung des Schalenbaus. Nicht nur die Rumpfhaut trägt, wie schon bei Cl I, sondern auch der Flügel ist frei tragend mit tragender Blechhaut. Eine erste Krönung aller Entwicklungsarbeiten seit 1914 ist erreicht. Weitere Projekte sind in Vorbereitung. Ein achtmotoriges Flugboot soll gebaut werden. Da setzt der Schluss des Ersten Weltkrieges allen großen Plänen ein Ende. Rs IV, das letzte fertiggestellte Riesenflugboot, verwandelt sich unter der Begleitmusik von Hammerschlägen und dem Fauchen der Schneidbrenner in einen Trümmerhaufen. Es wies eine für die Entwicklung der Flugboote grundlegende Neuerung auf: die »Dornier-Flossenstummel«.

Bauverbot – aber neue Projekte

1919. Die deutsche Luftfahrt scheint am Ende. Alle Hoffnungen auf eine glückliche und friedliche Weiterentwicklung sind zerstört. Fast alle Mitarbeiter müssen entlassen werden. Die Werke des Zeppelin-Konzerns in Reutin und Zech bei Lindau sind geschlossen. In der Werft Seemoos können noch etwa 100 Mitarbeiter mit der Herstellung von Eimern und Waschkesseln beschäftigt werden.

Trotz der trüben Aussichten, die nach dem Zusammenbruch für das deutsche Flugwesen bestanden, führt Claude Dornier das Werk weiter. Das bei Kriegsende im Bau befindliche zweimotorige Flugboot Gs I wird in ein Verkehrsflugboot umgeändert. Im Januar 1919 werden die Bootsspanten von Lindau-Reutin nach Seemoos zur Fertigstellung gebracht, und in kurzer Zeit entsteht mit der Gs I, dem Vorläufer der berühmten Wal-Familie, das erste deutsche Verkehrsflugboot. Am 31. Juli 1919 findet der Stapelflug statt. Ausgerüstet mit 2 x 270-PS-Maybach-Motoren stellt es beim probeweisen Einsatz im Dienste der Schweizer Luftverkehrsgesellschaft Ad Astra seine Zuverlässigkeit und Wirtschaftlichkeit unter Beweis. Nun erwacht auch in den Niederlanden und in Schweden Interesse. Die Vorführung der Gs I in Amsterdam wird ein voller Erfolg. Da kommt ein neuer Schlag. Aufgrund der politischen Situation muss Weisung gegeben werden, das Boot, gerade auf dem Wege nach Stockholm, zu versenken. Am 25. April 1920 sinkt es auf den Grund der Kieler Bucht.

Lizenzbau in Japan Do N.

»Delphin I« fliegt im November 1920 und »Komet« im Sommer 1921. Im Reihenbau werden Flugzeugschwimmer aus Duraluminium hergestellt. Es schien, als sollte in bescheidenem Umfang die Weiterführung des Flugzeugbaus möglich sein. Da kommt das vollständige Bauverbot. Die Werft Seemoos wird stillgelegt. Es muss nach anderen Möglichkeiten gesucht werden, die begonnene Entwicklung weiterzuführen. In dieser Situation beschließt Claude Dornier, eine Tätigkeit im Ausland aufzunehmen. Am anderen Ufer des Bodensees, in Rorschach, liegt eine Holzhalle mit Rampe zum See – nur klein, aber brauchbar. Sie wird gemietet, und an einem Sommertag bringt die Segeljolle eines Mitarbeiters die Teile der »Libelle« hinüber. Der Flugzeugbau kann weitergehen. Am 16. August 1921 zieht die kleine »Libelle« ihre ersten Kreise.

Die engsten Mitarbeiter Dorniers arbeiten zu Hause weiter. Auf ihren Zeichenbrettern nimmt inzwischen der »Wal« Gestalt an. Ihn kann man in Rorschach nicht bauen – das Gelände ist zu klein. Da unternimmt Claude Dornier einen neuen kühnen Schritt. In Italien, am linken Ufer der Arnomündung, wird in Marina di Pisa die Costruzioni Meccaniche Aeronautiche S. A. gegründet und die dort vorhandene kleine Werft unter großen wirtschaftlichen und technischen Schwierigkeiten ausgebaut. Es ist ein Risiko ohnegleichen, das der junge Unternehmer eingeht. Aber das Glück steht ihm zur Seite. Die spanische Heeresverwaltung hat als erste die besondere Eignung des Musters erkannt und bestellt 1922, ohne mehr als Zeichnungen gesehen zu haben, eine Serie von sechs Wal-Flugbooten.

Mit dem langsam einsetzenden Luftverkehr bessern sich die Verhältnisse.

Einem Vorschlag von Dr. Eckener folgend, wurden die Zeppelin Werke GmbH Lindau in Dornier Metallbauten GmbH umbenannt. Der Sitz wurde von Lindau nach Friedrichshafen verlegt. 1923 werden die benachbarten Anlagen der Flugzeugbau Friedrichshafen GmbH in Manzell erworben, und die kleine Werft in Seemoos wird endgültig geschlossen. Im gleichen Jahr entsteht die Deutsche Aero Lloyd. 1924 erwirbt die Kawasaki Dockyard Company Ltd. in Kobe eine Lizenz auf den Neubau von Dornier-Flugzeugen. Claude Dornier selbst hält Vorlesungen an der Universität in Tokio.

Schon am 6. November 1922 kann der Stapelflug des ersten »Wal« erfolgen. Bald darauf fliegt er bei schwerem Sturm zur Ablieferung nach Cartagena. Kurz vorher ist in Dübendorf erstmals der »Falke« gestartet. Im Herbst 1924 wird Claude Dornier »in Anerkennung seiner Verdienste um die Fortschritte auf dem Gebiet der Flugtechnik« von der Technischen Hochschule Stuttgart die Würde eines Dr. Ing. e.h. verliehen.

Pionierflüge

Roald Amundsen mit seinen Bordkameraden Feucht und Ellsworth.

Der »Komet II« landet Silvester 1922 als erstes deutsches Verkehrsflugzeug auf dem Londoner Flughafen. Dieser Erfolg führt zur Einrichtung der ersten planmäßigen Luftverkehrsverbindung Berlin–London am 3. Mai 1923. Kurz darauf befliegt »Komet II« auch die Strecke Moskau–Odessa.

Das Jahr 1924 sieht die ersten Fernflüge der Wale: Im Januar unternimmt der spanische Hauptmann Franco Erkundungsflüge von Spanien zu den Kanarischen Inseln. Im August fliegt Locatelli von Marina di Pisa nach Reykjavik. Im Februar 1925 reißt der »Wal« 20 Weltrekorde an sich, im gleichen Monat fliegt »Merkur« zum ersten Mal. Der April 1925 sieht den ersten Verkehrsflug über die Alpen – ausgeführt von einem »Komet III«. Wale bringen regelmäßig Passagiere, Post und Fracht von Genua über Rom nach Palermo. Die neu gegründete SCADTA, die heutige Avianca, setzt die Wale über den tropischen Meeren über Mittelamerika ein. Gleichzeitig werden in Kingsbay auf Spitzbergen bei –25 °C zwei Wale montiert. Amundsen landet damit nach über neun Stunden Flugzeit auf 87°44' nördlicher Breite. Dabei wird der eine »Wal« am Bootsboden beschädigt, ein größerer Motorschaden tritt auf. Der »Wal« N 24 muss aufgegeben und die Besatzung vom »Wal« N 25« übernommen werden. Unter härtesten Bedingungen schaffen Amundsen und seine Begleiter eine Startbahn im Packeis; am 16. Juni 1925 gelingt endlich der Start für den Rückflug nach Spitzbergen.

Ramon Franco bezwingt im Februar 1926 mit einem »Wal« zum ersten Mal den Südatlantik in Ost-West-Richtung.

Das Jahr 1928 bringt dem viermotorigen »Superwal« zwölf Weltrekorde. Im Juni 1926 erringt der »Merkur« sieben Weltrekorde. Im Dezember 1926 startet Mittelholzer mit einem »Merkur« auf Schwimmern in Zürich zum Flug nach Kapstadt. Im März 1927 startet der Portugiese de Beires mit einem »Wal« in Lissabon zum Flug nach Rio de Janeiro.

Wal N 25 in Kingsbay.

Fluggesellschaften und Lizenzabkommen

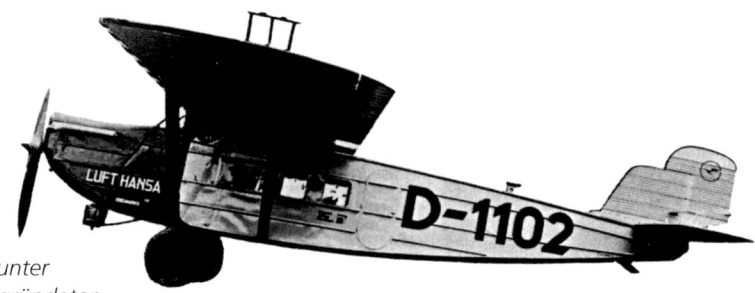

Das erste Flugzeug, das unter dem Zeichen der neu gegründeten Deutschen Lufthansa zu einem planmäßigen Flug startet, ist ein »Merkur«.

Bei Kawasaki in Kobe wird 1925 die Do N gebaut, ein zweimotoriges Land-Großflugzeug. In Friedrichshafen sind hierfür alle Konstruktions- und Fertigungsunterlagen entstanden, 20 000 km östlich erfolgt der Bau. Und ohne geringste Änderungen erfüllt das Flugzeug bei der Abnahme die geforderten Leistungen. In der zweiten Hälfte der 1920er-Jahre setzt sich der Aufstieg des Unternehmens fort.

Immer neue Fluggesellschaften stellen Dornier-Flugzeuge in den Dienst und wollen schnell beliefert werden. Die große Entfernung der Entwicklungsbüros in Friedrichshafen von der Werft in Marina di Pisa hemmt die Arbeit. Eine engere Verbindung von Konstruktion und Fertigung tut Not. Da findet Dr. Dornier in Altenrhein auf dem Schweizer Ufer des Bodensees ein passendes Gelände. Dort gründet er im Sommer 1926 die Aktiengesellschaft für Dornier-Flugzeuge. Sie wird in der Folge die Rolle von Marina di Pisa übernehmen, die dortige Werft kann nach einer Übergangszeit verkauft werden. In Altenrhein sollen, der Zeit weit vorauseilend, die Pläne für ein fliegendes Schiff Gestalt annehmen.

Aber noch ist es nicht so weit. Die nächsten zwei Jahre bringen Erfolge anderer Art. Die Deutsche Lufthansa entsteht, und das erste Flugzeug, das unter ihrer Flagge zu einem planmäßigen Flug startet, ist ein »Merkur«. Daneben fliegt der »Merkur« im Dienste der Deruluft, der Deutsch-Russischen-Luftverkehrsgesellschaft. Er fliegt für japanische und südamerikanische Gesellschaften. Mittelholzer landet nach 20 000 Flugkilometern mit der Schwimmerversion glücklich in Kapstadt. Lizenzabkommen mit den spanischen Werken der Construcciones Aeronauticas S.A. in Madrid und Cadiz und mit der Aviolanda Maatschappij voor Vliegtuigbouw in Papendrecht bei Dordrecht zeigen die internationale Anerkennung der Dornier-Konstruktionen.

Inzwischen entwickelt sich der Luftverkehr mit Riesenschritten. »Komet« und »Merkur« werden für manche Strecken zu klein.

Flugschiff »Do X«

12. Juli 1929. Auf dem Wasser des Bodensees, vor der Werft Altenrhein, schwimmt ein Flugboot von bisher nicht gesehenen Ausmaßen – »Do X«.

Die Vorarbeiten zum Bau des riesigen Verkehrsflugbootes gehen auf das Jahr 1924 zurück. Zahllose Entwürfe sind entstanden, immer wieder überarbeitet aufgrund der Erfahrungen mit ausgeführten Flugbooten. 1926 nimmt das Projekt endgültige Gestalt an. Zwölf Motoren, in Tandem-Gondeln auf dem Flügel angeordnet, sollen dem Riesen die nötige Leistung bringen. Die Ver-

wirklichung des Traumes vom »Flugschiff« war erst möglich nach langen Verhandlungen mit dem Reichsverkehrsministerium und nach der Gründung der neuen Werft Altenrhein. Noch 1926 bringt den Beginn der Konstruktionsarbeiten, und am 19. Dezember 1927 kann man mit dem Bau anfangen. Um jeden Rückschlag und Misserfolg zu vermeiden, hat Dr. Dornier beim Entwurf bewusst darauf verzichtet, letztmögliche Leistungssteigerungen herauszuholen. Bei der Durchbildung der Konstruktion und der Antriebsanlage

»Do X« bei der Ankunft in New York.

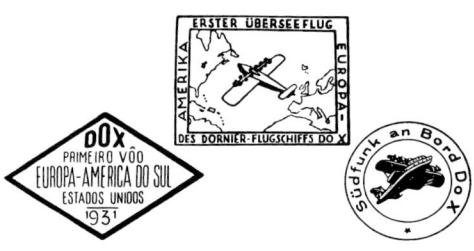

wird deshalb auf bereits Bekanntes und Erprobtes zurückgegriffen. Im Juli 1929 beginnen unter dem Dröhnen der zwölf Motoren die Rollversuche, und die »Do X« hebt zum Stapelflug ab. Eine intensive Erprobung folgt. Bei jeder Witterung muss »Do X« im Wasser und in der Luft ihre Leistungsfähigkeit unter Beweis stellen. Am 21. Oktober 1929 besteht »Do X« eine neue große Prüfung. Mit 169 Personen an Bord unternimmt sie einen einstündigen Rundflug über dem Bodensee. Die Welt horcht auf. Aber die Versuche gehen weiter. Nach 16 Monaten hat jedes Teil der »Do X« in mehr als 140 Starts und Landungen seine Funktionstüchtigkeit nachgewiesen. Im Herbst 1930 werden die Vorbereitungen für einen Flug über vier Erdteile getroffen. Die Welt soll sich durch eigenen Augenschein von den Fähigkeiten der »Do X« überzeugen. Am 5. November 1930 ist es so weit. 11 Uhr 30. Mit langer, weißer Heckwelle jagt »Do X« über das Wasser, hebt ab. In wenigen hundert Metern Höhe geht es den Rhein hinab.

Das Dröhnen der Motoren übertönt das Heulen der grüßenden Schiffssirenen. l7 Uhr 05 – »Do X« hat die erste Etappe geschafft, ankert auf der Zuiderzee in der Nähe von Amsterdam. Hier geht Dr. Dornier mit seiner Frau an Bord. Auf den nächsten Etappen will er dabei sein. Über Calshot, Bordeaux, La Coruna geht es in den nächsten Tagen nach Lissabon. Am 31. Januar 1931 Start zu den Kanarischen Inseln – dann weiter an Afrikas Küste entlang. Der 20. Juni 1931 sieht »Do X« über dem Zuckerhut von Rio de Janeiro, der Südatlantik ist glücklich überquert. Von dort geht es weiter nach New York, das am 27. August erreicht wird. Dort bleibt »Do X« im Winterquartier, in den folgenden Monaten bestaunt von Tausenden. Im Mai 1932 beginnt der Rückflug, und am 24. Mai um 17 Uhr 55 setzt »Do X« auf dem Müggelsee bei Berlin auf. Eine Reise über ca. 43 500 km mit zweimaliger Überquerung des Atlantik ist beendet. Eine Rundreise über Deutschland schließt sich an, und noch einmal haben Millionen Gelegenheit, die gigantische Schöpfung Dr. Dorniers, die ihrer Zeit weit voraus ist, zu bewundern. Während das erste Flugschiff auf deutsche Rechnung gebaut wurde, werden zwei weitere an Italien geliefert. Die Lieferung weiterer Flugschiffe muss wegen der Weltwirtschaftskrise und ihrer Rückwirkung auf den Luftverkehr unterbleiben.

»Do X« in Venedig.

5 000 000 km im Linienverkehr

Inzwischen haben andere Dornier-Flugzeuge, allen voran der »Wal«, weitere große Leistungen vollbracht. Immer wieder verbessert – durch stärkere Motoren ist auch eine Erhöhung des Abfluggewichts möglich geworden –, zeigen sie sich rauestem Einsatz gewachsen. Im Juni 1929 startet Major Ramon Franco auf einem »Wal« zu seiner zweiten Atlantiküberquerung. Wegen Brennstoffmangels muss er auf dem Ozean südwestlich der Azoren notlanden. Nach acht Sturmtagen endlich wird der »Wal« vom englischen Flugzeugträger EAGLE gefunden. Man nimmt ihn an Bord, er ist völlig unbeschädigt. Ein glänzendes Zeugnis der Seetüchtigkeit des Flugbootes.

Wolfgang v. Gronau startet 1930 zu seinem ersten, 1931 zu seinem zweiten Flug über Grönland in die USA. Beide Flüge sind erfolgreich. Dornier-Wale werden im New Yorker Hafen zu einem gewohnten Anblick. Neben diesen Pionierflügen steht die tägliche Bewährung im planmäßigen Verkehr. Im regelmäßigen Dienst haben die »Wale« – sie stehen im Einsatz bei zahlreichen Luftlinien – bis zum 31. Dezember 1930 fünf Millionen Flugkilometer zurückgelegt.

Die Weltwirtschaftskrise wirft ihre Schatten auch auf das Werk. Das Interesse am Flugzeugbau ist im Zeppelin-Konzern nicht mehr groß. 1932 kann Dr. Dornier die noch in der Hand der Luftschiffbau Zeppelin befindlichen Anteile der Dornier-Metallbauten GmbH erwerben. Damit ist der Weg frei geworden für neue Projekte. Als die Auftragslage sich bessert, kann an die Gründung von Zweigwerken gedacht werden. So entsteht die Norddeutsche Dornier-Werke GmbH, Wismar, ein Werk am offenen Meer. Neue Zweigwerke, so unter anderem in Lübeck, München-Neuaubing und Oberpfaffenhofen, kennzeichnen in den nächsten Jahren den weiteren Aufstieg des Unternehmens.

Postflüge über den Atlantik

Inzwischen ergeben sich reiche Betätigungsmöglichkeiten auf den übrigen Gebieten des Flugwesens. Seit 1931 entstehen auf der Werft in Altenrhein das dreimotorige Lastenflugzeug Do Y, das für die Schweiz und Jugoslawien gebaut wird, und die schnellen Kampf- und Aufklärungsflugzeuge Do 10, Do C2, Do C3 und Do 22, von denen das letzte Spitzenleistungen für Flugzeuge dieser Klasse erreicht.

In Deutschland entstehen 1930 das Großflugboot Do S, eine Weiterentwicklung des »Superwal«, und 1932 das kleine Amphibium-Sportflugzeug »Libelle«.

Im Sommer 1932 startet Wolfgang v. Gronau zur ersten Weltumkreisung mit einem Seeflugzeug; natürlich auf Dornier »Wal«. Sylt, Island, Grönland sind die ersten Stationen. Hier kennt sein »Wal« sich aus, ist es doch derselbe, mit dem er 1931 das Inlandeis überflog. Weiter geht's über Montreal, Chicago, die menschenleeren Weiten Kanadas, die Spitzen der Rocky Mountains. Der Pazifik, Tokio, Schanghai, Manila. Weiter nach Westen, Burma, Indien, Arabien, das Mittelmeer. Und am 10. November liegt der »Grönland-Wal« vor Manzell, nach 44 000 km ohne Schaden an der Zelle.

Für den regelmäßigen Luftpostdienst über den Atlantik hat die Lufthansa Erkundungsflüge auf dem Südatlantik durchgeführt. Auch hat man den Passagierdampfern die letzte Post nachgebracht und auf hoher See übergeben, ein Meisterstück an Präzisionsarbeit der Wale. Jetzt aber beginnt ein neuer Abschnitt. In den Südatlantik soll eine schwimmende Tankstation gelegt werden; von ihr sollen die Wale durch Katapult gestartet werden. Am 29. Mai 1933 jagt das Katapult der WESTFALEN den Wal »Monsun« in die Luft – der erste Schleuderstart im Südatlantik ist gelungen. Nun werden alle Vorbereitungen für den planmäßigen Dienst getroffen. Dornier-Wale übernehmen die schwerste Strecke, die Atlantiküberquerung. Am 3. Februar 1934 wird der regelmäßige Postverkehr eröffnet. Nach einem Jahr haben die Dornier-Flugboote 47 Transozeanflüge durchgeführt. Es hat nie eine »Verspätung« gegeben. Der 25. August 1935 sieht die 100., der 12. Dezember 1936 die 200. planmäßige Überquerung des Südatlantik. Bis zum Ausbruch des Zweiten Weltkrieges sollen es 419 werden.

Schneller und weiter

Die Möglichkeit des planmäßigen Luftverkehrs ist erwiesen, schon rufen die Fluggesellschaften nach höherer Geschwindigkeit. Der Luftwiderstand muss vermindert werden durch feinste aerodynamische Durchbildung.

1934 fliegt als schnelles Postflugzeug ein Versuchsmuster vom Typ Do 17. Aber die Lufthansa kann sich nicht zur Einführung entschließen. So gerät die Do 17 vorerst in Vergessenheit. Erfolgreicher wird zunächst die Do 18. Im Aufbau unverkennbar noch der Wal-Familie zugehörig, hat dieses Flugboot durch aerodynamische Verfeinerung an Geschwindigkeit erheblich gewonnen. Es scheint wie geschaffen, die Erfahrungen im Südatlantikverkehr auf dem Nordatlantik anzuwenden. Der Erprobung im Jahre 1935 folgt der Versuch, die größte Lücke im Luftverkehrsnetz der Erde zu schließen. Das größte Verkehrsbedürfnis besteht zwischen Europa und den USA. Ist Do 18 ein Flugzeug, das auf dieser schwierigen Strecke bestehen kann? Plötzlich auftretende Stürme, weite Nebelfelder, niedrige Wolkendecken machen jeden Versuch einer Überquerung noch zu einem Wagnis. Am 10. September 1936 startet Do 18 »Zephyr« bei den Azoren und fliegt in 22 Stunden 12 Minuten nach New York. Insgesamt führen die beiden Do 18-Boote acht planmäßige Flüge zwischen den Azoren und New York durch. Sie erschließen den Nordatlantik für den Luftverkehr. Dann stoßen sie zu den Walen und befliegen die Südatlantikroute.

Der 3. Juli 1937 sieht den Erstflug eines neuen Flugbootes – Do 24. Die Aviolanda in Papendrecht hat als Lizenznehmer Dorniers in den vergangenen Jahren ganze Geschwader von Walen für die niederländische Regierung gebaut. Der Erfolg dieser Boote in Indonesien hat Vertrauen gebracht, und so erhält Dr. Dornier den Auftrag, ein Flugboot speziell für die Verwendung in tropischen Meeren zu entwickeln. Auch Do 24 wird wieder

Hochsee-Erprobung Do 24.

ein voller Erfolg. Im September 1937 legt sie unter schwierigsten Bedingungen in der Nordsee ihre Seeprüfung ab, und wenige Monate später beginnt bei Aviolanda der Serienbau.

Schon steht die viermotorige Do 26 in Entwicklung. Im Auftrag der Lufthansa entsteht ein Flugboot, das speziell auf die Bedingungen des Direktfluges Lissabon–New York abgestellt ist. Beste aerodynamische Auslegung zeichnet das Flugboot aus. Die seitlichen Stützschwimmer können vollständig in die Flügel eingefahren werden.

Vor dem Erstflug der Do 26 liegt noch eine Meisterleistung der Do 18. Sie fliegt im März 1938 ohne Zwischenlandung von England nach Brasilien und stellt damit einen neuen Langstreckenrekord auf. Der Sommer 1938 sieht die Erprobung der Do 26. Im Februar 1939 legt sie dann in 36 Flugstunden die Strecke Travemünde–Rio de Janeiro zurück, mit Medikamenten für die Opfer der Erdbebenkatastrophe in Chile an Bord. Noch im Juni 1939 beginnt versuchsweise der planmäßige Einsatz. Dann macht der Zweite Weltkrieg dem Transatlantik-Verkehr vorerst ein Ende.

Do 18 im Einsatz auf der Südatlantik-Route.

Baureihe Do 17, Do 217, Do 317

Do 17 M.

Inzwischen sind die Do 17-Postflugzeuge aus ihrem Dornröschenschlaf erwacht. Aus ihnen ist ein Kampfflugzeug geworden. Der ganze Fortschritt, den diese Do 17 bringt, wird deutlich, wenn man sie ihrem Vorläufer, der Do 23, gegenüberstellt. War Do 23 ein konventionelles Flugzeug jener Jahre, so trägt in der Do 17 die konsequente Anwendung der neueren Erkenntnisse aus Aerodynamik und Versuchstechnik ihre Früchte. Mit einem Schlage ist eine Erhöhung der Geschwindigkeit auf fast das Doppelte Wirklichkeit geworden. Wie auf der anderen Seite bei den Flugbooten, steht auch hier die Zeit ganz im Zeichen einer sprunghaften Steigerung der Flugleistungen. 26. Juli 1937, IV. Internationales Flugmeeting in Zürich. Die modernsten Flugzeuge aus aller Welt geben sich ein Stelldichein. Ein internationales Publikum erwartet die Ergebnisse des Alpenrundfluges. Da tritt eine von niemandem erwartete Überraschung ein. Sieger wird nicht ein Jagdflugzeug, wie jeder Fachmann angenommen hatte, sondern die Do 17, der »fliegende Bleistift«. Sie ist fast fünf Minuten eher am Ziel als der beste teilnehmende Jäger. Eine aerodynamisch ideal geformte Zelle, kombiniert mit leistungsstarken Triebwerken, hat das unmöglich Scheinende möglich gemacht. Bald beginnt der Serienbau. Immer größere Stückzahlen verlassen das 1937 in Dornier-Werke GmbH umbenannte

Unternehmen. Dann bricht der Zweite Weltkrieg aus. Fast die gesamte Kapazität muss in den Dienst des Krieges gestellt werden. Die berühmten Atlantik-Flugboote werden für Aufklärungs-, Transport- und Seenotrettungsaufgaben umkonstruiert bzw. umgebaut. Immer neue Versionen der Do 17 entstehen, später als Do 215 und Do 217 bezeichnet. Mehrere Tausend dieser Maschinen werden abgeliefert, als Aufklärer, Kampfflugzeuge und Nachtjäger.

Daneben laufen die Arbeiten an der Do 214. 1938 hatte Dr. Dornier die Lufthansa und das Luftfahrtministerium für die Entwicklung eines großen, schnellen Flugschiffes für den Passagierdienst über den Nordatlantik interessieren können. Im Sommer 1939 wurde der Vorbescheid für die Entwicklung erteilt. Ein gigantisches Flugschiff mit einem Abfluggewicht von fast 150 t soll entstehen. Nach Kriegsbeginn werden die Arbeiten vorübergehend eingestellt, dann wieder unter Dringlichkeit weitergeführt und schließlich 1943, auf Anordnung des RLM, endgültig aufgegeben. Das Flugboot, mit dem höhere Flugsicherheit, größerer Komfort und niedrigere Transportkosten erreicht werden sollten, das größte Nutzlasten über die offenen Meere hinweg befördern sollte, muss verschrottet werden. In dieser Zeit erfolgt Dr. Dorniers Ernennung zum Professor. Am 26. Oktober 1943 fliegt zum ersten Mal die Do 335, ein

Kampfflugzeug mit ganz neuartiger Linienführung. Angetrieben wird es durch zwei Motoren, von denen der eine eine Zugschraube im Bug, der andere eine Druckschraube im Heck antreibt. Die jahrzehntelang bewährte Tandemanordnung ist in diesem Flugzeug zur letzten Konsequenz entwickelt worden.

In einer Höhe von 7,1 km erreicht die Do 335 eine Geschwindigkeit von 732 km/h. Damit ist sie eines der schnellsten durch Kolbenmotoren angetriebenen Flugzeuge des Zweiten Weltkrieges.
Die Vielseitigkeit der Unternehmenstätigkeit zeigt auch die erfolgreiche Entwicklung moderner und leichter Schnellboote.

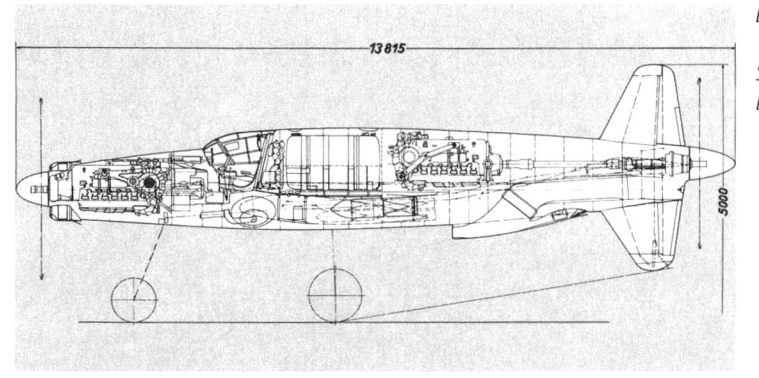

Do 335 (oben).

Seitenansicht und Schnitt Do 335.

Wiederbeginn in Spanien

1945. Nahezu alle Anlagen der Dornier-Werke sind durch Bomben zerstört. Die Reste werden demontiert, die Fabrikeinrichtungen und Maschinen abtransportiert. Die in Mitteldeutschland gelegenen Zweigwerke sind verloren. Die Betriebe in den Westzonen stehen unter Zwangsverwaltung. Das Stammwerk wird vom Sequester verkauft. Der Flugzeugbau ist in Deutschland verboten.

In einer fast aussichtslosen Situation beginnt Prof. Dr. Dornier erneut den Wiederaufbau fast aus dem Nichts heraus. Dabei kann er auf die Mitwirkung seiner Söhne und langjähriger Mitarbeiter rechnen, die ihm auch in schwerster Zeit die Treue halten. Es war ein schwieriger Anfang, mit bitteren Stunden und vielen Demütigungen.

In Deutschland gelingt es, die Werke Lindau-Rickenbach und Pfronten wieder freizubekommen. Aber noch ist nicht abzusehen, ob und wann das Verbot des Flugzeugbaus aufgehoben wird. Da entschließt sich Prof. Dr. Dornier, Entwicklungen auf einem ganz neuen Gebiet zu beginnen. 1950 gründet er zum Bau von Textilmaschinen die Lindauer Dornier Gesellschaft mbH. Die Leitung überträgt er seinem Sohn Peter. Die Einarbeitung auf dem neuen Gebiet gelingt. Aus kleinsten Anfängen heraus bauen die früheren Flugzeugkonstrukteure ein Werk auf, und in der Folge entstehen hier neue Webautomaten und Maschinen für die Ausrüstungsindustrie.

Für den Flugzeugbau bleibt vorerst, wie nach dem Ersten Weltkrieg, nur im Ausland eine Betätigungsmöglichkeit. Parallel zum Aufbau der Lindauer Dornier Gesellschaft wird in Spanien, in Madrid, ein technisches Büro, die »Oficinas Técnicas Dornier« eröffnet. Hier beginnt eine kleine Gruppe von erfahrenen Mitarbeitern unter Leitung des ältesten Sohnes von Prof. Dr. Dornier im Februar 1951 wieder mit der Entwicklung von Flugzeugen. Schon bald ergibt sich die erste Möglichkeit zur Bewährung. Das spanische Luftfahrtministerium gibt eine Ausschreibung für ein Verbindungsflugzeug mit Kurzstarteigenschaften heraus. Es entsteht das Projekt Do 25. Der Auftrag auf Fertigentwicklung und Bau von Prototypen folgt. Mit Begeisterung geht es an die Arbeit. Nach einem halben Jahr sind Berechnung und Konstruktion beendet; der Bau erfolgt bei der befreundeten CASA. Am 25. Juni 1954 startet der erste Flug.

Die Do 27, das von Dornier bei der CASA in Spanien entwickelte STOL-Flugzeug, wurde nach dem Zweiten Weltkrieg als erstes Serienflugzeug in Deutschland gebaut.

Kurzstartflugzeuge sind Trumpf

Schon 1920 hatte Professor Dornier die ersten Patente auf schwenkbare Luftschraubenanordnung und Steilschrauber erhalten. Mit der Weitsicht des Luftfahrtpioniers hatte er die technischen Probleme angepackt, die später zur Lösung der Kurzstarttechnik führten. Der Erstflug der Do 25 im Juni 1954 in Spanien und der noch leistungsfähigeren Do 27 im Oktober 1956 ist der Startschuss für eine ganze Familie von Kurzstart-Arbeitsflugzeugen. Die Do 27 wird zu einem der klassischen Kurzstartflugzeuge, die unter dem Begriff STOL (Short take-off and landing) in der Weltluftfahrt zu einem Begriff werden. Als 1955 nach zehn Jahren Unterbrechung das Verbot des Flugzeugbaus in der Bundesrepublik Deutschland aufgehoben wird, ermöglicht ein Auftrag der jungen deutschen Bundeswehr die Serienproduktion der Do 27. Damit ist das erste Flugzeug, das nach dem Zweiten Weltkrieg in Deutschland in Serie gebaut wird, eine Dornier-Konstruktion. 1958 läuft in Spanien der Lizenzbau von 50 Do 27 bei der CASA an. Aus vielen Ländern treffen nun wieder Exportaufträge bei Dornier ein, teils für die militärische, teils für die zivile Ausführung der Do 27. Auf internationalen Luftfahrtausstellungen und bei Vorführtouren in allen Erdteilen ist die Do 27 mit ihren verblüffenden Kurzstart- und Langsamflugeigenschaften ein eindrucksvoller Repräsentant des deutschen Nachkriegsflugzeugbaus. Im Laufe von einem Jahrzehnt werden weit über 600 Do 27 produziert und in alle Welt verkauft. Aufgrund von Kundenwünschen entsteht die Do 28, eine zweimotorige Ausführung der Do 27. Der Erstflug findet im April 1959 statt, und wenige Jahre später ist eine Serie von 120 Maschinen dieses Typs im Einsatz. So ist auch das erste nach dem Krieg in die USA exportierte deutsche Flugzeug eine Do 28. Die Entwicklung geht weiter. Um die technischen Möglichkeiten des Kurzstarts bis an die Schwelle des Senkrechtstarts aus-

zuloten, entsteht 1958 die Do 29, ein Versuchsflugzeug mit zwei schwenkbaren Propellern, die direkt zum Auftrieb beitragen und Start- und Landestrecken von nur wenigen Metern ermöglichen. Die wertvollen Flugversuchsergebnisse der Do 29 im Vorfeld des reinen Senkrechtstarts geben wichtige Hinweise für dieses weit in die Zukunft reichende Gebiet der Luftfahrttechnik. Der Weltmarkt der Kurzstart-Arbeitsflugzeuge, an dem Dornier in wenigen Jahren einen erheblichen Anteil gewinnen konnte, verlangt nach größeren, leistungsfähigeren Typen. So entwickelt Dornier, aufbauend auf den Erfahrungen mit der Do 27 und Do 28, die Skyservant, einen zweimotorigen STOL-Transporter für maximal 15 Personen. Im Februar 1966 fliegt die neue Maschine zum ersten Mal, und ab 1967 läuft die Serienproduktion an. Die Bestellungen kommen wieder fast ausschließlich aus dem Ausland und oft von Kunden, die schon mit den kleineren Vorgängertypen hervorragende Einsatzerfahrungen gemacht haben, wie z. B. die Türkei, Kanada und viele Länder Afrikas. Nach Ablauf dieser zivilen Verkäufe meldet auch die Bundeswehr ihren Bedarf an und bestellt insgesamt 125 Maschinen, die bis 1974 für Luftwaffe und Marine produziert werden. Mit sechs FAI-Weltrekorden wird 1972 die Leistungsfähigkeit der Skyservant bestätigt.

Dornier-Skyservant – ein vielseitiges
Mehrzweckflugzeug für den
militärischen und zivilen Einsatz.

Rund 200 Maschinen stehen in über 25 Ländern aller Klimazonen im Einsatz für Passagier- und Frachtflüge, Photogrammetrie, Erderkundung, Ambulanz, Pipeline-Überwachung, Pilotentraining und nicht zuletzt für Forschungsaufgaben verschiedenster Art.

Die Dornier-Skyservant ist heute eines der vielseitigsten Kurzstart-Arbeitsflugzeuge und wird mit marktgerechten Verbesserungen noch viele Jahre konkurrenzfähig sein. Für die Typenfamilie Do 27, Do 28 und Skyservant kann Dornier rund 1000 Aufträge verbuchen und hatte damit zwei Jahrzehnte lang die größten Exporterfolge der deutschen Luftfahrtindustrie. Wenn Dornier-STOL-Flugzeuge in aller Welt zu einem Wertbegriff geworden sind, so ist das auf die konsequente Entwicklung einer den Markterfordernissen entsprechenden Typenreihe, hohe Produktqualität und zuverlässige Kundenbetreuung zurückzuführen. Diese Verkaufserfolge sind umso höher einzuschätzen, als eine international vergleichbare Exportförderung nicht existierte.

Skyservant Do 28 D 2 Marine.

Zauberwort VSTOL

Ein grau verhangener Wintermorgen 1967 auf dem Dornier-Werksflugplatz Oberpfaffenhofen. Am Start zum Erstflug steht die Do 31, der erste VSTOL-Strahltransporter der Welt. VSTOL (vertical/short take-off and landing), die Abkürzung für Senkrechtstarter, gewinnt in den 1960er-Jahren große Bedeutung, da gerade in der Bundesrepublik Deutschland ein anspruchsvolles Entwicklungs- und Versuchsprogramm für strahlgetriebene VSTOL-Kampf- und Transportflugzeuge gestartet worden ist. Die Durchführbarkeit für einen VSTOL-Strahltransporter in der Größe der Do 31 mit rund 25 t Fluggewicht wird Anfang der 1960er-Jahre allerdings von der Fachwelt noch skeptisch beurteilt. Steuerbarkeit und Rezirkulationsprobleme im strahlgetragenen Flug und die schwierige Transitionsphase zum aerodynamischen Flug scheinen zu große Hürden zu sein. Doch Dornier-Ingenieure bemühen sich in einem mehrjährigen Entwicklungs- und Versuchsprogramm mit Simulationen, Prüfständen und unverkleideten Schwebegestellen frühzeitig um eine Vorklärung der Probleme und planen ein detailliertes, vorsichtiges Stufenprogramm in der Flugerprobung. So können alle Flugphasen schrittweise einzeln untersucht und beherrscht werden. Nun sollte die erste volle VSTOL-»Platzrunde«

geflogen werden. Die beiden Hub/Schub-Triebwerke und die acht Hubtriebwerke laufen, die Schwenkdüsen in den Hub/Schub-Triebwerken werden nach unten gerichtet, und nun gibt der Pilot Startschub für alle Triebwerke. Die Do 31 hebt nach wenigen Metern Rollstrecke ab, ist in 25 Sekunden schon so schnell, dass die Hubtriebwerke gestoppt werden können, und fliegt mit der hohen Reisegeschwindigkeit eines Strahltransporters eine ausgedehnte Platzrunde. Wenige Kilometer vor dem Flugplatz werden im Landeanflug die Hubtriebwerke wieder gezündet, die Do 31 bremst ab und setzt sich genau in den vorgesehenen Landekreis. Ein Meilenstein der Luftfahrttechnik ist erreicht! Es ist der Erfolg jahrelanger intensiver Arbeit von Ingenieuren, Arbeitern und Piloten – die einwandfreie Funktionsfähigkeit eines senkrecht startenden und landenden Strahltransporters ist bewiesen. Fünf Weltrekorde für Senkrechtstarter erfliegt die Maschine 1969 während eines Überführungsfluges zum Aerosalon

Das große Schwebegestell der Do 31.

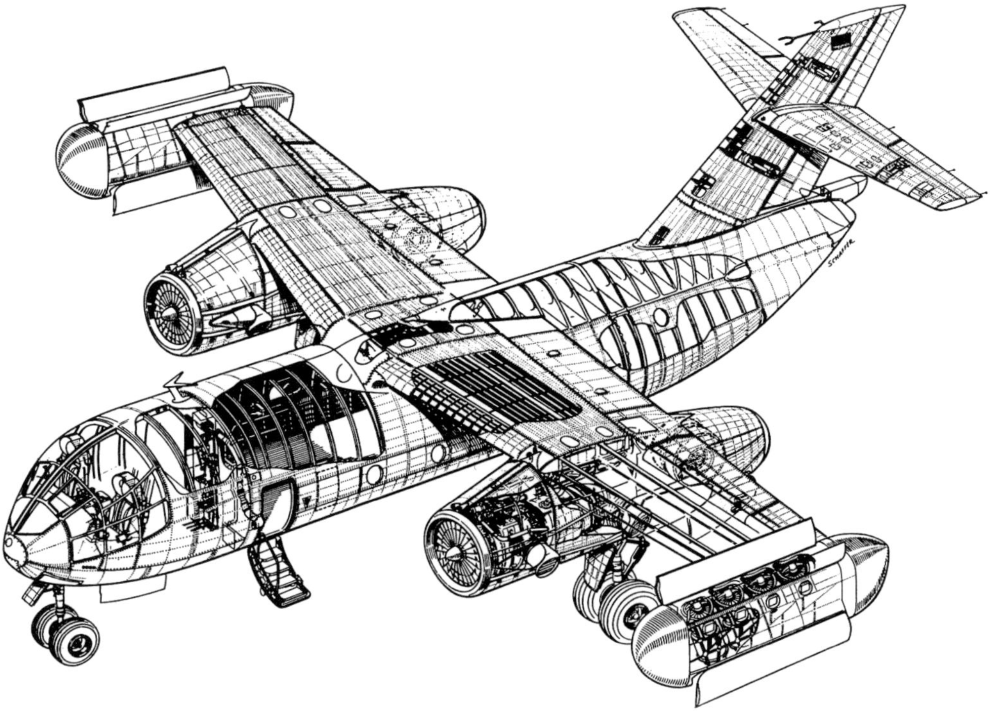

Paris, wo sie mit sensationellen Demonstrationen großes Aufsehen in der internationalen Fachwelt erregt. Die amerikanische Luft- und Raumfahrtbehörde NASA führt mit der Do 31 ein mehrmonatiges Versuchsprogramm durch, um die Eignung des von Dornier entwickelten VSTOL-Konzepts für eventuelle zivile Verwendung zu prüfen. Das Urteil fällt überzeugend positiv aus: Das NASA-Expertenteam stellt fest, dass das Strahlkonzept der Do 31 hervorragende Voraussetzungen für den Einsatz künftiger VSTOL-Verkehrsflugzeuge bietet. Aber – die Do 31 ist ihrer Zeit zu weit voraus. Die militärischen Auftraggeber haben zunächst das Interesse an VSTOL-Flugzeugen wieder zurückgestellt. Eines aber bleibt: Dornier hat sich mit dieser bahnbrechenden Entwicklung als eine der führenden Firmen der Senkrechtstarttechnik qualifiziert.

Erster und einziger senkrecht startender Strahltransporter der Welt ist die von Dornier entwickelte Do 31.

Logistik

Eine der wichtigsten Dienstleistungen unserer Zeit ist die Logistik. Sowohl im militärischen wie auch im zivilen Bereich macht die Logistik die immer komplexer werdenden Systeme beherrschbar. Sie garantiert die optimale Nutzung, minimiert das Risiko und erhöht die Wirtschaftlichkeit. Im Rahmen des Dornier-Konzerns wurden alle entsprechenden Aktivitäten im Bereich Logistik zusammengefasst, sodass die Problemstellungen aller Kunden des Unternehmens optimal gelöst werden können. Die Logistik stellt sicher, dass für Leistungen und Projekte alle benötigten Fachkräfte, Versorgungsgüter, technische Hilfsmittel und Informationen am richtigen Ort, zur richtigen Zeit und in ausreichender Menge zur Verfügung stehen. Diese Aufgabenstellung bedeutet eine Herausforderung an Spezialisten, die in Systemen denken. Von Anfang an sind sie bei deren Definition und Planung dabei. Praxisgerechtes Knowhow fließt bereits in die Entwicklung und Konstruktion mit ein. Materialbeschaffungskonzepte für Geräte, Systeme und Anlagen werden erstellt, dazu technische Dokumentationen nach nationalen und internationalen Richtlinien und Verfahren. Dornier erarbeitet spezielle Ausbildungskonzepte, nach denen in partnerschaftlicher Zusammenarbeit mit dem Anwender mit modernsten Kommunikationshilfen Schulungslehrgänge durchgeführt werden. Denn auch das beste Gerät ist nur so gut wie die Menschen, die damit umgehen. Aus aller Welt kommen sie zu Dornier nach München und werden in Theorie und Praxis auf die Nutzung von komplexen, anspruchsvollen Systemen vorbereitet. Für eine Vielzahl von Waffensystemen in- und ausländischer Streitkräfte hat Dornier bereits logistische Konzepte erstellt. Aber auch zivile Auftraggeber aus dem öffentlichen und privatwirtschaftlichen Bereich bedienen sich des hoch spezialisierten Know-hows der Dornier-Logistik. Sie ist die Voraussetzung für den effizienten Einsatz von modernen Systemen während ihrer gesamten Nutzungsdauer.

Technische Redakteure der Logistik bei der Arbeit.

Zivile Flugzeugproduktion

Langjährige Erfahrungen im weltweiten Verkauf von mehr als 1000 Mehrzweck-Arbeitsflugzeugen waren die Basis für die Entwicklung einer konsequent an den Markterfordernissen ausgerichteten, erweiterten Palette von Utility-Commuter-Flugzeugen der Baureihen DORNIER 128 und 228. Auf der Grundlage der bewährten Do 28 D2 »Skyservant« mit Lycoming-Triebwerken von je 384 PS – jetzt unter der Bezeichnung DORNIER 128-2 – entstand die weiterentwickelte Version DORNIER 128-6. Damit wurde man der weltweiten Nachfrage nach wirtschaftlichen Turboprop-Flugzeugen dieser Klasse gerecht. Die mit Pratt & Whitney-PT6-Propellerturbinen mit je 400 PS ausgerüstete Maschine bietet u.a. eine größere Leistung und ist wesentlich leiser als die bisherigen Kolbentriebwerke. Bessere Ausrüstung, größere Nutzlastkapazität, vierfach längere Lebensdauer, dreifach höhere Betriebsstundenzahl zwischen den Überholungen und wesentlich bessere Steigleistung unter »hot and high«-Bedingungen machen die DORNIER 128-6 noch wettbewerbsfähiger. Schwerpunkt der zivilen Flugzeug-Baureihe ist die DORNIER 228. Mit einem völlig neuen aerodynamischen Konzept, dem von Dornier entwickelten »Tragflügel Neuer Technologie« (TNT), gehören diese Maschinen zu den leistungsfähigsten und wirtschaftlichsten Flugzeugen ihrer Klasse. Der Treibstoffverbrauch liegt um 20 bis 30 Prozent niedriger als bei vergleichbaren Typen in konventioneller Auslegung. Erreicht wurde diese der weltweiten Problematik des Utility- und Commuterbetriebes entsprechende Innovation durch eine Profilform und Flügelgeometrie, die bei geringen Widerstandswerten sehr hohen Auftrieb liefert. Die Tragflächen werden in modernster Integralbauweise auf numerisch gesteuerten Fräsautomaten hergestellt – eine Voraussetzung nicht nur für sehr glatte Oberflächen, sondern auch für rationelle Fertigungsabläufe. Als lärmarmer, wirtschaftlicher Antrieb dienen zwei 715 PS leistende Propellerturbinen von Garrett AiResearch. Das Fahrwerk ist im Gegensatz zur DORNIER 128 einziehbar. Die DORNIER 228-100 wird mit 15, die verlängerte DORNIER 228-200 mit 19 Sitzen angeboten. Die Kabinengestaltung bietet hohen

Dornier-Skyservant.

Passagierkomfort, und die Maschinen sind schnell und einfach umrüstbar für eine Vielzahl von Verwendungszwecken. Die DORNIER 128 und 228 sind für Personen-, Geschäftsreise-, Zubringerflüge und Frachttransport ebenso geeignet wie für Such- und Rettungseinsätze, aber auch für die Seeraumüberwachung und für vielfältige militärische Aufgaben. Alle Dornier Utility-Commuter-Flugzeuge zeichnen sich durch solide und robuste Bauweise aus. Niedrige Betriebskosten, leichte Wartbarkeit und vielseitige Einsatzmöglichkeiten führen zu optimaler Wirtschaftlichkeit, ein entscheidender Wettbewerbsvorteil im Zeichen ständig steigender Kosten in der internationalen Luftfahrt. Die ersten Verkaufserfolge der neu konzipierten Familie von Dornier-Zivilflugzeugen bewiesen, dass die harten Anforderungen dieses schwierigen Teilmarktes der Allgemeinen Luftfahrt voll erfüllt werden konnten. In enger Zusammenarbeit zwischen Entwicklungs- und Vertriebsabteilung entstanden moderne Produkte, die sich im scharfen internationalen Wettbewerb erfolgreich durchsetzen können. Dornier beobachtet die künftigen Trends dieses vielversprechenden Marktes weiterhin mit größter Aufmerksamkeit und bereitet sich mit Studien- und Projektarbeiten darauf vor, wie bisher zur richtigen Zeit mit konkurrenzfähigen Maschinen den traditionellen Kundenkreis nicht nur zu erhalten, sondern noch weiter auszubauen.

Abgerundet werden die Aktivitäten im zivilen Flugzeugbau durch die Beteiligung an der Produktion des Airbus A3l0. Dornier baut im Auftrag der Deutschen Airbus GmbH einige technisch anspruchsvolle Rumpf- und Flügelkomponenten dieses modernen europäischen Großraumflugzeugs der 1980er-Jahre.

Der Erfolg der Do 228 in den verschiedenen Einsatzgebieten, im Zubringer- und Charter-Verkehr wie im Umweltschutz und wachsende Nachfrage nach größeren Passagierkapazitäten führten bald zur Entwicklung eines größeren, noch leistungsfähigeren und wirtschaftlicheren Baumusters, das 1985, nach dem Einstieg von Daimler-Benz bei Dornier, als Do 328 realisiert werden konnte.

Die Do 328 war wie die Do 228 als zweimotoriger Hochdecker konzipiert und konnte nun über Mittelstrecken bis zu 34 Passagiere in einer komfortablen Druckkabine befördern.

In modernster Technologie ausgelegt, wurde die Produktion, dem Trend im internationalen Flugzeugbau folgend, diversifiziert. Dornier behielt jedoch die Gesamtverantwortung für das Baumuster und dessen Endfertigung und Auslieferung. Im Zuge einer tief greifenden Neuordnung des Daimler-Benz-Konzerns wurde der Flugzeugbau der Dornier GmbH von einer neuen Gesellschaft, der Fairchild-Dornier Company übernommen und die laufende Fertigung weitergeführt. Es folgte bald die Einstellung von Weiterentwicklungen der Do 428 und Do 728 und dann die vollständige Einstellung der Fertigung und die Liquidation der neuen Firma.

Dennoch bleibt der Name Dornier durch die Stiftung des Dornier-Museums in Friedrichshafen erhalten. Sie erfolgte durch Silvius Dornier, einen Sohn von Claude Dornier, im Jahre 2005. Auch in der Luft bleibt der Name präsent mit dem Nachbau der Do 228 durch die Firma RUAG in Oberpfaffenhofen.

Militärflugzeuge

Militärische Entwicklungs- und Beschaffungsprogramme gehören zu den Schwerpunkten des Dornier-Flugzeugbaus. Seit dem Aufbau der Bundeswehr wurden 316 Erdkampfflugzeuge vom Typ Fiat G91 und 352 leichte Transporthubschrauber Bell UH1 D in Lizenz hergestellt. In internationaler Zusammenarbeit entsteht die Breguet 1150 Atlantic unter Mitarbeit von Dornier. An weiteren Fertigungsprogrammen wie F-104 Starfighter, F-4 Phantom und Sikorski CH-53 – insgesamt 796 Fluggeräte – war Dornier mit maßgeblichen Baugruppen beteiligt. In deutsch-französischer Partnerschaft wurde gemeinsam mit Dassault Breguet das fortschrittliche Schulungs- und Kampfflugzeug Alpha Jet entwickelt und gebaut. Die zügige, termingerechte und kosteneffektive Durchführung und die Erfüllung aller gestellten Forderungen waren herausragende Merkmale dieses Programms. Als Schulungs- und Kampfflugzeug mit exzellenten Flugeigenschaften und hoher Einsatzflexibilität, d.h. Eignung für Einsätze gegen Boden- und Luftziele (Hubschrauber), mit langer Lebensdauer und großer Wirtschaft-lichkeit ist der Alpha Jet ein Flugzeug, für dessen Beschaffung sich neben Frankreich und Deutschland auch andere Länder entschieden haben. Für das taktische Kampfflugzeug der 1990er-Jahre führt Dornier im Auftrag des BMV auch Studien und Projektuntersuchungen durch. Im Vordergrund stand dabei eine Auslegungsphilosophie, die das Schwergewicht auf kostengünstige Alternativen für künftige Waffensysteme legte. In einem umfassenden Modernisierungsprogramm wurden der U-Jagd- und Seeaufklärer Breguet 1150 Atlantic, an deren Entwicklung und Bau Dornier beteiligt war, in ihrem Kampfwert erheblich gesteigert. Mit einer Reihe anspruchsvoller militärischer Flugzeugprogramme erwies sich Dornier als zuverlässiger und leistungsfähiger Partner für die Luftwaffe, die Heeres- und Marineflieger. Das Beherrschen modernster Spitzentechnologie, verbunden mit konsequentem Kostendenken bot die Gewähr, dass auch höchste Anforderungen des militärischen Auftraggebers erfüllt werden konnten.

Luftfahrttechnologie

Anwendungsorientierte Technologieprogramme dienten der Vorbereitung künftiger ziviler und militärischer Flugzeugprojekte. Dornier begann sowohl mit Förderung durch die öffentliche Hand als auch mit erheblichen Eigenmitteln auf breiter Basis, in luftfahrttechnisches Neuland vorzustoßen. Seit Herbst 1980 stand ein Alpha Jet mit einem »Transonischen Flügel« (TST) und Manöverklappen in Flugerprobung. Ziel dieses Experimentalprogramms war der Nachweis, dass mit diesem neuartigen aerodynamischen Konzept die Leistung und Manövrierfähigkeit eines Unterschall-Kampfflugzeugs erheblich gesteigert werden kann. Die Erprobung bestätigte die in Theorie und Windkanalversuchen gewonnenen Erkenntnisse: Der TST erlaubt höhere Machzahlen ohne starke Verdichtungsstöße und Strömungsablösungen sowie wesentlich kleinere Kurvenradien bei großer Geschwindigkeit.

Früher nicht realisierbare Flugbahnänderungen verspricht ein von Dornier entwickeltes System der direkten Seitenkraft- und Widerstandssteuerung

Alpha Jet-Formationsflug

Alpha Jet beim Jabo G 49.

Im April 1983 startete das erste Experimental Amphibium Do 24 TT zum Erstflug.

(DSFC), das ebenfalls an einem Alpha Jet untersucht wird. Die Qualitäten eines Kampfflugzeugs als Waffenplattform können dadurch deutlich verbessert werden. Für künftige Hochleistungs-Kampfflugzeuge im Überschallbereich erarbeitet Dornier in aerodynamischen Studien und Windkanalversuchen neue Flügelauslegungen. Gleichzeitig werden integrierte elektronische Flugführungssysteme untersucht und erprobt.

Große Bedeutung wird der Entwicklung und Einführung neuer Werkstoffe beigemessen. Die Bremsklappen des Alpha Jet sind die ersten Carbonfaser-Bauteile (CFK), die in der europäischen Luftfahrtindustrie in den Großserienbau übernommen wurden. Auch Seiten- und Höhenruder

in CFK-Bauweise wurden bereits erprobt und stehen vor der Einführung in die Produktion. Ein weiterer wesentlicher Schritt zur Anwendung dieser Technologie bei lebenswichtigen, tragenden Strukturen stellt die Erprobung eines kompletten Tragflügels des Alpha Jet in CFK-Bauweise dar. Bei künftigen Kampfflugzeugprojekten werden diese neuartigen Verbundwerkstoffe eine entscheidende Rolle spielen – sie erlauben eine erhebliche Reduzierung des Gewichts, bessere Gestaltungsmöglichkeiten und vereinfachte Produktionsmethoden.

Im zivilen Bereich steht im Vordergrund der Aktivitäten die Entwicklung und Erprobung relevanter Schlüsseltechnologien für Flugzeuge der All-

Experimentalflugzeug TNT.

gemeinen Luftfahrt, insbesondere in der Kategorie der Utility- und Commuterflugzeuge. Das zukunftsweisende Konzept des »Tragflügels Neuer Technologie« (TNT) wurde seit 1979 im TNT Experimentalflugzeug erprobt. Neben der leistungssteigernden und energiesparenden aerodynamischen Auslegung zeichnet sich dieser für den mittleren Geschwindigkeitsbereich optimierte Flügel durch in dieser Klasse absolut neue Herstellungsmethoden aus – sowohl die Quer- als auch die Längsverrippung der Flügelkästen werden integral gefräst, sodass nur noch ein Minimum an Nietarbeit nötig ist. Diese neue Technologie wurde mit der Utility-Commuter-Baureihe DORNIER 228 bereits erfolgreich in den Serienbau übernommen. Eine beachtliche Zahl von Sekundärbauteilen wie Randbogen, Flügelendkästen und Fahrwerksverkleidungen sind in gewichtssparender Verbundbauweise ausgelegt.

Der TNT Versuchsträger dient weiterhin zur Erprobung neuer Technologien der zivilen Luftfahrt. So wurden neu entwickelte, fortschrittliche Luftschrauben untersucht, die eine weitere Leistungssteigerung bei gleichzeitiger Reduzierung des Lärmpegels erlauben. Ein Böenabminderungssystem wird den Passagierkomfort in den für Commuter-Flugzeuge typischen relativ geringen Flug-

höhen wesentlich verbessern. Zur Vereinfachung der Navigation und des Blindflugs werden neue, integrierte Avioniksysteme entwickelt.

Die weltweit wachsende Bedeutung der Ozeane führte zu einem Programm zur experimentellen Erprobung neuer Technologien für hochseefähige Amphibien-Flugboote. Dornier baut auf der Basis der berühmten Do 24 den Versuchsträger Do 24 TT (Technologie-Träger). Mit einem aerodynamisch und strukturell neu konzipierten Flügel auf der Grundlage des erfolgreichen TNT-Prinzips und drei wirtschaftlichen, lärmarmen Propellerturbinen sollen die gesteigerte Hochseefähigkeit, verbesserte STOL-Eigenschaften und die erweiterten Einsatzmöglichkeiten eines modernen Amphibiums eingehend erprobt werden. Dieses Amphibium – als Musterflugzeug für eine neue Version des bewährten Seenotflugbootes Dornier Do 24 T gedacht – wurde mit der Umstellung des Seenotdienstes auf Hubschrauber außer Dienst gestellt und an das Deutsche Museum in München übergeben, bis es von Iren Dornier, dem Enkel des Firmengründers, im Ausland 2003 restauriert wurde. Ein Jahr später kehrte es nach Deutschland zurück und ist seither in zahlreichen Flügen in der ganzen westlichen Welt mit großem Erfolg als Do 24 ATT RP-C2403 unter Iren Dornier unterwegs.

Der Weg vom Flugzeugbau- zum Technologieunternehmen

Die weltweite technologische Entwicklung ab 1950 führte dazu, dass auch Dornier nach dem Wiedererstehen der Firma 1955 diesem Trend folgen musste. Fertigungen in bisher als sekundär betrachteten Randgebieten oder auch durchaus noch unbekannte neue Entwicklungen mussten das Fortbestehen des Unternehmens sichern. Ein erster Schritt auf diesem Weg war die Entwicklung und Produktion von Webmaschinen für die Textilherstellung, die in den ersten zehn Jahren nach Kriegsende das einzige Betätigungsfeld für Dornier wurde und auch heute noch operativ betrieben wird.

Als 1957 das Raumfahrtzeitalter begann, zu dessen Bewältigung die Technologie der Luftfahrt noch unumgänglich war, sah auch Dornier früh die darin liegenden Möglichkeiten und gründete 1962 die Tochterfirma Dornier System GmbH, die sich mit allen Sonderaufgaben der neuen Arbeitsgebiete befassen sollte. Aus diesen Anfängen entstand recht schnell ein Arbeitsbereich, der bald wesentliche Beiträge zu den großen Unternehmungen der Raumfahrt des 20. Jahrhunderts in Zusammenarbeit mit der NASA und der ESA leisten konnte und heute noch als ASTRIUM GmbH Weltrang besitzt.

In Verbindung mit der Raumfahrt und zur Erfüllung der von der Raumfahrt geforderten Bedingungen wurden nun neue, hochtemperaturfeste, hochfeste und gleichzeitig leichte Werkstoffe, Verfahrensweisen und Konstruktionen entwickelt, die auch zahlreichen konventionellen Arbeitsgebieten neuen Auftrieb gaben – Technologien, die auch neue Errungenschaften in der Medizintechnik initiierten.

Professor Claude Dorniers Lebenswerk

Claude Dornier mit seinem Sohn Claudius – 1957.

Professor Dr. Claude Dornier, Gründer und Eigentümer der Dornier-Unternehmensgruppe, verstirbt am 5. Dezember 1969 im Alter von 85 Jahren. Ein langes, erfolgreiches Leben für die Luftfahrt ist zu Ende gegangen. Sein Verdienst ist es nicht nur, ein Flugzeugbau-Unternehmen in wirtschaftlich schweren Zeiten aufgebaut und über Höhen und Tiefen der Zeitgeschichte geführt zu haben, sondern er begründete zugleich mit seinem Werk maßgeblich den Ruf der deutschen Luftfahrtindustrie in aller Welt. Dornier-Flugzeuge sind es, die in der Pionierzeit der Luftfahrt viele Strecken für den Linienverkehr erschließen, die Pionierflüge in allen Erdteilen und Weltrekorde möglich machen. Seine bahnbrechenden Arbeiten im Metallflugzeugbau, bei der Konstruktion von hochseefähigen Flugbooten und Hochleistungs-Landflugzeugen sichern Professor Claude Dornier einen hervorragenden Ruf als einer der großen Persönlichkeiten der Luftfahrtgeschichte. Noch in hohem Alter leitete Prof. Dornier entscheidende Schritte ein, um sein aus der Pionierzeit des Flugzeugbaus stammendes Unternehmen organisch in eine neue Periode überzuleiten – eine Periode, in der es gilt, die Arbeitsgebiete des Unternehmens wesentlich zu verbreitern. Die Chancen, die der klassische Flugzeugbau und später die artverwandte Raumfahrttechnik mit ihrer spezifischen interdisziplinären Arbeitsweise bieten, werden entschlossen genutzt. Die Söhne Professor Dorniers verwirklichen nach seinem Tod zusammen mit einem familienfremden Management diese Ausweitung der Palette von Produkten und Dienstleistungen auf vielen Arbeitsgebieten wie Umwelt-, Verkehrs-, Medizin- und Kerntechnik. Der Flugzeugbau hat damit wieder einmal Schrittmacherdienste geleistet. In früheren Zeiten sind es die Impulse für die Leichtbau- und Werkstofftechnologie, für Strömungsmechanik und Triebwerksbau, die für den allgemeinen technischen Fortschritt von Nutzen sind – dann vor allem die Daten- und Regelungstechnik, die Systemtechnik und die neuen Managementverfahren. Eine zweite wichtige Entscheidung über die Zukunft des Unternehmens ist noch unter maßgeblichem Einfluss Professor Claude Dorniers getroffen worden, die Entscheidung nämlich, sich als eigenständiges Unternehmen zu behaupten und nicht einer der neuen, in den 1960er-Jahren aus Fusionen hervorgegangenen Firmengruppierungen anzuschließen. Dornier vertraut darauf, mit marktgerechten, ausgewogenen Kapazitäten sowohl der öffentlichen Hand als auch privaten Auftraggebern kosteneffektiv, flexibel und rationell weiterhin ein Höchstmaß an Leistung bieten zu können. Dabei wird die Zusammenarbeit mit in- und ausländischen Firmen so sehr intensiviert, dass nahezu alle Programme in internationaler Kooperation durchgeführt wurden.

Dornier-Werke Friedrichshafen.

Luftbild freigegeben durch Reg. v. Obb. G 16/2542 Juni 82

Dornier-Flugzeuge

1925 – 1998

Technische Daten

Länge	29,0 m
Höhe	7,2 m
Spannweite Oberflügel	43,5 m
Tiefe Oberflügel	4,6 m
Spannweite Unterflügel	37,7 m
Tiefe Unterflügel	3,6 m
Gesamtflügelfläche	329,0 m^2
Höhenleitwerkfläche	43,0 m^2
Seitenleitwerkfläche	15,3 m^2
Bootsbreite	3,5 m
Triebwerk Maybach	3 x 240 PS
Fluggewicht (projektiert)	9500 kg

Rs I – erstes Flugboot von Dipl.-Ing. Claude Dornier, das größte Flugzeug seiner Zeit, als neuartige Entwicklung fast ausschließlich in Metallbauweise gefertigt, Stoffbespannung nur beim Tragwerk, Leitwerk und Bootsdeck. Ober- und Unterflügel dieses Doppeldeckers, mit Streben gegeneinander abgestützt, waren als Ganzes drehbar auf dem Boot gelagert. Über eine vom Oberflügel zum Boot führende Strebe konnte der Einstellwinkel der Gesamtzelle während des Fluges verstellt werden. Zur Erhöhung der Stabilität dienten Stützschwimmer am Unterflügel. Das Boot wurde mit einer Querstufe versehen. Die drei Maybach-Motoren, auf einem gemeinsamen Bock montiert, arbeiteten auf Druckschrauben und konnten während des Betriebes gewartet werden. Die Kühler waren auf der Motorgondel ohne Verkleidung gegen den Motor angebracht. Die Holzluftschrauben mit Metallkanten hatten einen Durchmesser von 3,5 m.

Rs I wurde vor dem Erstflug bei einem Sturm am 21. Dezember 1915 an der Boje in Friedrichshafen-Seemoos zerstört.

Technische Daten

Länge	25,7 m
Höhe	7,0 m
Spannweite Oberflüge	32,0 m
Spannweite Unterflüge	13,5 m
Gesamtflügelfläche	259,1 m²
Bootsbreite	4,1 m
Triebwerk Maybach	3 x 240 PS
Rüstgewicht	6475 kg
Zuladung	2925 kg
Fluggewicht	9400 kg
Startgeschwindigkeit	80 km/h
Höchstgeschwindigkeit	105 km/h

Rs II a – Eineinhalbdecker mit kurzem Unterflügel, Metallbauweise, teilweise Stoffbespannung beim Tragwerk und Boot. Oberflügel und Boot durch Streben und Drehlager verbunden, um Verstellung der Zelle während des Fluges zu ermöglichen. Das Boot mit zwei Querstufen war eigenstabil. Triebwerke im Boot angeordnet, um die Wasserstabilität zu verbessern und die Wartung der Motoren zu vereinfachen. Die drei Maybach-Motoren arbeiteten über Fernwellen und Getriebe auf Druckschrauben. Zweiflügelige Holzluftschrauben mit 3,6 m Durchmesser kamen zum Einbau. Die Kühlanlage war über dem Boot angeordnet. Das Höhenleitwerk bestand aus einer auf dem Leitwerksträger fest gelagerten Höhenflosse und einem im Flug verstellbaren Kastenleitwerk; zwei bewegliche Ruder ohne Vorfläche bildeten das Seitenleitwerk. Erstflug am 30. Juni 1916. Die ersten Erprobungsflüge zeigten technische Schwierigkeiten auf, die den Umbau auf direkten Luftschraubenantrieb zur Rs II b erforderlich machten.

Technische Daten

Länge	7,1 m
Höhe	2,6 m
Spannweite Oberflügel	10,5 m
Tiefe Oberflügel	2,2 m
Fläche Oberflügel mit Querruder	19,8 m
Spannweite Unterflügel	9,2 m
Tiefe Unterflügel	0,6 m
Fläche Unterflügel	4,8 m²
Fläche Gesamtflügel	24,6 m²
Fläche Höhenleitwerk	2,7 m²
Fläche Seitenleitwerk	1,5 m²
Triebwerk Mercedes	160 PS

Do V 1– Beginn der Entwicklung von Landflugzeugen. Verspannter Doppeldecker mit einem Unterflügel von geringer Tiefe, Metallbauweise, Tragflächen und Leitwerk mit Stoff bespannt. Rumpf als Gitterträger ausgebildet und verhältnismäßig kurz. Konstruktion des Tragwerk-Oberflügels zweiholmig, des Unterflügels einholmig mit aufgesetzten Duraluminium-Rippen. Als Triebwerk kam ein Mercedes-Motor mit einer Garuda-Druckschraube zum Einbau. Um das Schussfeld nach vorne frei zu halten, wurde das Triebwerk mit Luftschraube hinter dem Piloten angeordnet. Der Motor saß auf einem Stahlblechrahmen, an dem auch die Anschlüsse für das Fahrwerk und die Tragflächen montiert waren. In Verlängerung dazu ergab sich die Lagerung für den verstellbaren Führersitz. Vorderer Teil der Rumpfverkleidung zum Tanken und zur Kontrolle der Steuerorgane und Instrumente abnehmbar gestaltet. Knüppelsteuerung, für das Seitensteuer waren Fußhebel vorgesehen. Der Lamellen-Wasserkühler saß auf dem Vorderholm des Oberflügels und war zum Hinterholm abgestrebt.
September 1916 Beginn der Flugerprobung.

Technische Daten

Länge	23,9 m
Höhe	7,6 m
Spannweite Oberflügel	33,2 m
Tiefe Oberflügel	6,5 m
Spannweite Unterflügel	16,0 m
Tiefe Unterflügel	3,6 m
Gesamtflügelfläche	276,0 m^2
Bootslänge	11,8 m
Bootsbreite	4,1 m
Bootshöhe	2,1 m
Triebwerk Maybach	4 x 240 PS
Rüstgewicht	7158 kg
Fluggewicht	9158 kg
Höchstgeschwindigkeit	128 km/h
Gipfelhöhe	3000 m

Eineinhalbdecker mit kleinem Unterflügel. Metallbauweise, teilweise Stoffbespannung beim Tragwerk und Boot. Oberflügel und Boot mit Streben und Drehlager verbunden, dadurch Flügeleinstellwinkel im Flug verstellbar. Eigenstabiles Boot mit zwei Querstufen, gegenüber Rs II a den Kimm-Einstellwinkel zur Wasserlinie verkleinert und einen zusätzlichen Spornkasten angebracht. Erstmals wurden die vier Maybach-Motoren in zwei Tandemgondeln zwischen Boot und Oberflügel angeordnet. Die Durchmesser der zweiflügeligen Holzluftschrauben wechselten zwischen 2,8 und 3,0 m. Die Lamellen-Stirnkühler befanden sich auf den Motorgondeln direkt über den Motoren. Die Benzinbehälter waren im Boot untergebracht, von wo der Kraftstoff mittels Pumpe in die auf dem Motorbock gelagerten oberen Kraftstoffbehälter gefördert wurde. Einfache, auf dem Leitwerksträger aufgesetzte Höhenflosse, Seitenleitwerk als doppelkieliges Leitwerk ausgebildet. Das Flugboot hatte Doppelsteuerung.

Rs II b – Umbau der dreimotorigen Rs II a mit ferngetriebenen Luftschrauben auf direkten Luftschraubenantrieb mit gleichzeitiger Erhöhung auf vier Triebwerke, Änderungen beim Ober- und Unterflügel, Leitwerk und Unterwasserform des Bootes.

Erstflug am 6. November 1916. Rs II b war bei der Marine noch nicht einsatzfähig und wurde später abgewrackt.

Technische Daten

Länge	7,6 m
Höhe	2,8 m
Spannweite Oberflügel	10,5 m
Tiefe Oberflügel	1,4 m
Spannweite Unterflügel	9,0 m
Tiefe Unterflügel	1,4 m
Gesamtflügelfläche mit Querruder	27,1 m^2
Triebwerk Mercedes	160 PS
Rüstgewicht	728 kg
Fluggewicht	1068 kg
Höchstgeschwindigkeit	165 km/h
Gipfelhöhe	5000 m

CI I – verspannter zweisitziger Doppeldecker, Metallbauweise, Stoffbespannung beim Tragwerk und Leitwerk. Das Neue an dieser Konstruktion war der Dural-Blechrumpf in Schalenbauweise, ohne Verstrebungen und Verspannungen. Der einteilige Oberflügel saß auf vier trompetenförmigen Streben, am unteren Ende mit dem Rumpf fest vernietet. Der Unterflügel war zweiteilig, jeweils am Rumpf gelenkig angeschlossen. Das Leitwerk bestand aus einem Metallgerippe mit Stoffbespannung. Zum Einbau kam ein Mercedes-Motor und eine zweiflügelige Holzluftschraube von 2,8 m Durchmesser. Im oberen Tragwerk befand sich der Flächenkühler. Der Treibstofftank war unter dem Pilotensitz eingebaut und im Notfall abwerfbar. Das Fahrwerk bestand aus Duralblech-Tropfenprofilen.
Erstflug am 3. November 1917. Materialschwierigkeiten führten zum Bau der verbesserten CI II.

Technische Daten

Länge	22,7 m
Höhe	8,1 m
Spannweite	37,0 m
Flügeltiefe	6,5 m
Flügelfläche	238,0 m²
Triebwerk Maybach	4 x 240 PS
Bootsbreite	4,7 m
Rüstgewicht	7865 kg
Fluggewicht	10 670 kg
Höchstgeschwindigkeit	136 km/h
Gipfelhöhe	2700 m
Reichweite	1380 km

Rs III – Hochdecker in Metallbauweise, Stoffbespannung beim Tragwerk und Leitwerkrumpf. Der Tragflügel wurde mit dem Leitwerkträger und Boot durch Spezialkabel verspannt und nur im Mittelteil durch Stahlprofile mit dem Boot fest verbunden. Eigenstabiles Boot in Schalenbauweise aus Duraluminium, Bootsboden mit Quer- und Längsstufen. Im Boot befanden sich der Waffenstand, das Cockpit für zwei Piloten, der Stand für den Maschinisten und die Kraftstoffanlage. Vier Maybach-Motoren wurden in Tandem-Anordnung in zwei Motorgondeln untergebracht und zwischen Boot und Tragwerk angeordnet. Die Wasserkühler waren über den Motoren montiert. Der Durchmesser der zweiflügeligen Holzluftschrauben betrug 3 m. Der Leitwerkträger saß auf dem Tragwerk. Das Höhenleitwerk war als Kastenleitwerk konstruiert, die Höhenruder geteilt und ohne Ausgleichsflächen; Seitenruder und Kielflossen durch den Rumpf in zwei Hälften geteilt.

Erstflug am 4. November 1917. Am 19. Februar 1918 Nonstop-Flug von Friedrichshafen nach Norderney in sieben Stunden zur weiteren Erprobung durch das Seeflugzeug-Versuchskommando Warnemünde. Rs III bestand die Seeprüfung mit Erfolg.

Technische Daten

Länge	8,9 m
Höhe	3,0 m
Spannweite	13,3 m
Flügelfläche	31,6 m²
Flügeltiefe	2,5 m
Triebwerk	195 PS
Schwimmerlänge	5,8 m
Schwimmerinhalt gesamt	2600 Liter
Rüstgewicht	950 kg
Fluggewicht	1425 kg
Höchstgeschwindigkeit	133 km/h
Gipfelhöhe	3000 m

Cs I – verspannter, zweisitziger Tiefdecker auf Schwimmern in Metallbauweise, Stoffbespannung beim Tragwerk, Höhen- und Seitenleitwerk. Der Tragflügel bestand aus zwei Hälften, die an einem fest mit dem Rumpf verbundenen Mittelstück verschraubt waren. Leichtmetall-Rumpf in Schalenbauweise, durch zwölf tropfenförmige Stahlrohre mit den Schwimmern verbunden. Das Höhenleitwerk hatte negativ gewölbtes Profil. Flosse fest mit dem Rumpf verbunden. Das Seitenleitwerk war so angeordnet, dass der größte Teil der Fläche, mit Rücksicht auf ein gutes Schussfeld und Trudeleigenschaften, unter die Höhenflosse zu liegen kam. Einfache Knüppelsteuerung eingebaut. Cs I zuerst mit einem Benz-Motor III b ohne Getriebe und seitlich am Rumpf angebrachten Ohrenkühlern konstruiert. Unbefriedigende Flugergebnisse führten danach zum Einbau des Benz III a-Triebwerks mit Getriebe und eines Stirnkühlers zwischen Motor und Luftschraube. Verwendet wurde eine Holzluftschraube von 2,75 m Durchmesser. Als Kraftstofftanks dienten zwei Aluminiumbehälter, hinter und unter dem Führersitz angeordnet. Zwei starre MG mit je 500 Schuss und ein bewegliches MG mit 1000 Schuss waren als Bewaffnung vorgesehen.
Erstflug am 11. Mai 1918. Drei Maschinen wurden gebaut und der Marine zur weiteren Erprobung ausgeliefert.

Technische Daten

Länge	7,5 m
Höhe	2,9 m
Spannweite Oberflügel	10,5 m
Tiefe Oberflügel	1,5 m
Spannweite Unterflügel	9,0 m
Tiefe Unterflügel	1,4 m
Gesamtflügelfläche mit Querruder	28,1 m^2
Triebwerk Mercedes	160 PS
Rüstgewicht	730 kg
Fluggewicht	1070 kg
Höchstgeschwindigkeit	165 km/h
Gipfelhöhe	5300 m

CI II – verspannter zweisitziger Doppeldecker in Metallbauweise, Stoffbespannung beim Tragwerk und Leitwerk. Gegenüber der CI I wurden bei diesem Baumuster bei der Tragwerk-Konstruktion einige Verstärkungen vorgenommen und die Tiefe des Oberflügels um 10 cm vergrößert. Rumpf und einteiliger Oberflügel mit Streben fest verbunden, der Abstand wurde jedoch um 10 cm erhöht, um die Sichtverhältnisse für den Piloten zu verbessern. Die zweiteilige Unterflügel-Konstruktion mit dem gelenkigen Rumpfanschluss entsprach der CI I. Das Leitwerk, ein Metallgerippe mit Stoffbespannung, erfuhr in der Formgebung eine Verbesserung. Zum Einbau kam ein Mercedes-Triebwerk und eine zweiflügelige Holzluftschraube von 2,8 m Durchmesser. Anstelle des Flächenkühlers wurde bei der CI II ein Stirnkühler verwendet. Unter dem Pilotensitz befand sich der abwerfbare Treibstofftank. Die Bewaffnung bestand aus einem starren und einem beweglichen MG.
Erstflug am 17. August 1918. Die CI II kam nicht zum Einsatz.

Technische Daten

Länge	6,4 m
Höhe	2,6 m
Spannweite Oberflügel	7,8 m
Spannweite Unterflügel	6,5 m
Flügeltiefe	1,4 m
Gesamtflügelfläche	18,7 m²
Leitwerkfläche	3,2 m²
Rüstgewicht	725 kg
Fluggewicht	885 kg
Höchstgeschwindigkeit	200 km/h
Gipfelhöhe	8100 m

D I – frei tragender, einsitziger Doppeldecker in Metallbauweise. Die bisher für die Rümpfe angewandte Schalenbauweise wurde erstmals auf die Flügelgestaltung übertragen. Es entstand der erste, völlig mit glatten Blechen beplankte Flügel mit tragender Haut. Nur die Flügelnasen und

-enden erhielten noch Stoffbespannung. Die Flügel- und Rumpfkonstruktion der D I war wegweisend für den Flugzeugbau im In- und Ausland. Der Oberflügel, über die ganze Spannweite durchlaufend, saß mit vier biegungssteifen Stielen abgestützt über dem Rumpf. Der Unterflügel war an der Rumpfunterseite eingelassen und an vier Stellen verbunden. Es wurden verschiedene Triebwerke eingebaut: Mercedes (160 PS), Benz III b (195 PS) und BMW III a (185 PS). Die Luftschrauben aus Holz hatten einen Durchmesser von 2,7 m. Der abwerfbare Kraftstofftank hing in Form eines stromlinienförmigen Behälters unter dem Rumpf. Zwei tropfenförmige Dural-Hohlkörper, mit dem Rumpf fest vernietet, bildeten den tragenden Teil für die Radachsen. Für die Federung wurden Stahlfeder-Pakete verwendet. Die Bewaffnung bestand aus zwei starren Maschinengewehren. Erstflug am 4. Juni 1918. Gute Ergebnisse bei den Vergleichsflügen in Berlin-Adlershof. Sieben Maschinen wurden gebaut. Nach Kriegsende wurden zwei D I-Flugzeuge in den USA getestet.

Technische Daten

Länge	22,8 m
Höhe	8,4 m
Spannweite	37,0 m
Flügeltiefe	6,5 m
Flügelfläche	226,0 m²
Bootslänge	14,2 m
Bootsbreite	3,6 m
Triebwerk Maybach	4 x 270 PS
Rüstgewicht	7235 kg
Fluggewicht	10 600 kg
Höchstgeschwindigkeit	138 km/h
Gipfelhöhe	2000 m

Rs IV – Hochdecker in Metallbauweise, Stoffbespannung beim Tragflügel und Leitwerk. Bei der Auslegung des Bootskörpers führte Dornier erstmals die Stabilitäts-(Flossen-)Stummel ein, das markante Merkmal der späteren Dornier-Flugboote. Die Flossenstummel verliehen dem Flugboot eine hohe Seitenstabilität, ergaben sowohl in der Luft als auch auf dem Wasser Auftrieb und, gegenüber Rs III, eine erhebliche Verringerung der Bootsbreite. Vier Maybach-Motoren waren in Tandem-Anordnung in zwei vergrößerten Motorgondeln eingebaut und für kleine Reparaturen während des Fluges vom Boot aus zugänglich. Die Wasserkühler der vorderen Motoren wurden als Stirnkühler mit in den Gondelquerschnitt einbezogen. Das Tragwerk saß auf den Verlängerungen der Motorböcke und war zum Boot und Rumpf verspannt. Am Leitwerksrumpf in Schalenbauweise, zentral auf dem Flügel gelagert, wurde am Bug eine Führerkanzel mit freier Sicht angebaut. Das Leitwerk bestand aus einem einfachen Höhen- und Seitensteuer. Erstflug am 12. Oktober 1918. Juni 1919 Umbau für den zivilen Einsatz. Das Cockpit wurde vom Leitwerkrumpf in das Boot verlegt, der frei gewordene Raum als Passagierkabine für sechs Fluggäste genutzt. Im Herbst 1924 musste die Rs IV auf Anordnung der Alliierten demontiert werden.

Technische Daten

Länge	15,3 m
Höhe	4,7 m
Spannweite	21,0 m
Tiefe Tragflügel	4,0 m
Flügelfläche	80,0 m²
Bootsbreite	2,5 m
Triebwerk Maybach Mb IVa	2 x 270 PS
Rüstgewicht	3115 kg
Fluggewicht	4315 kg
Höchstgeschwindigkeit	170 km/h
Gipfelhöhe	4250 m
Steigzeit auf 4000 m	52,6 min

Gs I – abgestrebter Hochdecker in Metallbauweise, Stoffbespannung beim Tragflügel und Leitwerk. August 1918 Konstruktionsbeginn für eine Militärversion, nach Kriegsende musste behelfsmäßig auf eine Zivilausführung umgestellt werden. Das mehrfach abgeschottete Boot war mit den neuartigen Flossenstummeln versehen. Im Aufbau auf dem vorderen Bootsteil – eine Notlösung infolge des Umbaus – brachte man das Cockpit und den Passagierraum für sechs Fluggäste unter. Der Maschinist und vier Kraftstoffbehälter befanden sich im Boot. Die Motorenanlage bestand aus zwei Maybach-Triebwerken in Tandem-Anordnung, in einer völlig verkleideten Motorgondel untergebracht, mit dem Tragwerkmittelstück verbunden und durch den Motorbock auf das Boot abgestützt. Der Kühler für den vorderen Motor war als Stirnkühler ausgebildet. Der Kühler für den hinteren Motor, ein Kasten-Stirnkühler, befand sich oberhalb der Motorenanlage. Tragwerk und Flossenstummel waren durch Profilstiele verbunden und mit Diagonalkabeln gesichert. Die Gs I bekam ein Kastenleitwerk. Erstflug am 31. Juli 1919. Oktober bis Dezember 1919 Erprobung bei der schweizerischen Luftverkehrsgesellschaft AD ASTRA. Holland und Schweden zeigten Interesse. Die Gs I flog von Friedrichshafen über Potsdam (in fünf Stunden) und Norderney nach Holland zur Vorführung. Um der Auslieferung des Flugbootes an die Alliierten zu entgehen, wurde die Gs I von der Besatzung am 25. April 1920 in der Ostsee versenkt.

Technische Daten

Delphin I mit verlängertem Vorschiff

Länge	11,5 m
Höhe	3,1 m
Spannweite	17,1 m
Tragfläche mit Querruder	51,3 m²
Triebwerk BMW III a	185 PS
Rüstgewicht	1600 kg
Fluggewicht	2200 kg
Höchstgeschwindigkeit	125 km/h
Gipfelhöhe	4000 m
Passagiere	4–5
Besatzung	1

Delphin I – einmotoriger Schulterdecker in Metallbauweise. Das zweistufig ausgebildete Boot mit stumpfem Vorschiff war mehrfach abgeschottet und mit den Dornier-Flossenstummeln versehen. Der Ganzmetallflügel bestand aus zwei Hälften, jeweils an der Bootsseitenwand montiert und durch zwei Stiele mit den Stummeln verstrebt. Zum Einbau kam ein BMW IIIa-Triebwerk. Der Stirnkühler saß zwischen der zweiflügeligen Holzluftschraube und dem Motor. Das offene Cockpit, versuchsweise auch mit einer Überdachung ausgeführt, befand sich unmittelbar hinter dem Triebwerk. Der Passagierraum für vier bis fünf Fluggäste und ein Gepäckraum waren im Boot untergebracht. Es wurde ein normales Kreuzleitwerk verwendet.

Erstflug am 24. November 1920. Bei der Erprobung wirkte sich der stumpfe Bootsbug sehr ungünstig auf den Startvorgang aus. Das Vorschiff wurde deshalb verlängert. Es wurden vier Maschinen gebaut, davon zwei in dem neu gegründeten Werk in Marina di Pisa/Italien. Unter anderem wurde ein Delphin I von der US-Navy zur Erprobung des Ganzmetallflugzeugbaues übernommen. Ein Delphin I wurde an den japanischen Lizenznehmer, die Firma Kawasaki Dockyard Co. in Kobe, geliefert.

Technische Daten	
Länge	12,2 m
Höhe	3,3 m
Spannweite	21,0 m
Tragfläche	80,0 m^2
Triebwerk BMW	185 PS 2 x 185 PS
Rüstgewicht	2350 kg
Fluggewicht	3450 kg
Höchstgeschwindigkeit	180 km/h
Gipfelhöhe	6000 m

Dieser Entwurf eines verspannungslosen Eindeckers sollte vollständig aus Metall gebaut werden, je nach Belastung aus hochwertigem Stahl oder Duraluminium. Die Trag- und Steuerflächen sah man wahlweise mit leicht auswechselbaren Duraluminiumplatten belegt oder mit Stoff bespannt vor. Raumaufteilung des Rumpfes: Führerraum, Gepäckraum, Kabine für acht bis zehn Fluggäste, Toilette. Neuartig war die Anordnung der beiden Motoren unter dem Flügel an seitlichen Auslegern, eine Anordnung, wie sie bei der 1959 gebauten Do 28 wiederkehrte. Dadurch sollte die Wartung der Triebwerke besonders leicht zugänglich gemacht werden. Die Luftschrauben waren weit nach vorne geschoben und außerdem gegeneinander versetzt, um bei einem auftretenden Propellerbruch Beschädigungen der Tragfläche, des Rumpfes oder der anderen Luftschraube zu vermeiden.

Technische Daten

Länge	7,2 m
Höhe	2,3m
Spannweite	8,5 m
Breite bei zurückgeklappten	
Flügeln	3,2 m
Tragfläche	14,0 m²
Triebwerke 5 Zylinder	
Siemens	55 PS
Rüstgewicht	400 kg
Fluggewicht	650 kg
Höchstgeschwindigkeit	120 km/h
Reisegeschwindigkeit	100 km/h
Gipfelhöhe	1600 m
Besatzung	3

Libelle I – Hochdecker in Metallbauweise, Stoffbespannung der hinteren Tragflügelteile und Ruderflächen. Das eigenstabile, mehrfach abgeschottete Boot mit Querstufe besaß die bewährten Dornier-Flossenstummel. Die Anbringung klei-ner Gleitkufen am Bootsboden ermöglichte Start und Landung auf Eisflächen. In der Mitte des Bootsrumpfes waren drei Sitzplätze angeordnet, zwei vorne nebeneinander und mit Doppelsteuerung versehen, der dritte Sitz befand sich dahinter. Das Tragwerk bestand aus zwei Flügelhälften, am Tragwerkmittelstück angeschlossen und durch je zwei Streben gegen den Bootskörper abgefangen. Das Neue dieser Konstruktion bildeten die nach hinten klappbaren Tragflügel; bequemer Transport und geringer Platzbedarf bei der Unterbringung waren dadurch gewährleistet. Als Antrieb diente ein 5-Zylinder-Siemens-Sternmotor mit 55 PS, in einer Gondel auf dem festen Tragwerkmittelstück angeordnet.

Der Kraftstoff wurde aus einem im Boot gelagerten Benzinbehälter über eine windgetriebene Pumpe in einen hinter dem Motor befindlichen Falltank befördert. Am Heck des Bootes befanden sich die feste Kiel- und Höhenflosse mit einteiligem Seiten- und Höhenruder. Erstflug am 16. August 1921.

Technische Daten

Länge	9,5 m
Höhe	2,8 m
Spannweite	17,0 m
Tragfläche	50,0 m²
Triebwerk BMW IIIa	185 PS
Rüstgewicht	1450 kg
Fluggewicht	2120 kg
Höchstgeschwindigkeit	160 km/h
Gipfelhöhe	4000 m
Steigzeit auf 2000 m Höhe	25 min
Fluggäste	4
Besatzung	1

Komet I – Schulterdecker in Metallbauweise. Der Rumpf mit rechteckigem Querschnitt war als Hohlkörper konstruiert. Er bestand aus Rahmenspanten mit glatter Blechbeplankung, verstärkt durch aufgenietete Spezialprofile. Das Tragwerk bildeten zwei Flügelhälften, jeweils an der Rumpfseitenwand lösbar angeschlossen und mit zwei Streben gegen den Rumpf abgestützt. Im vorderen Rumpfteil kam ein BMW III-Motor mit 185 PS zum Einbau. Ein Stirnkühler war dicht hinter der zweiflügeligen Holzluftschraube angebracht. Die bequem ausgestattete Kabine für vier Passagiere hatte eine Länge von 2,0 m, eine Höhe von 1,6 m und eine Breite von 1,2 m. Der offene, einsitzige Führerraum war hinter dem Tragwerk im Rumpf angeordnet.

Die Kraftstoffanlage bestand aus einem Haupttank von 285 Litern Inhalt und einem Nottank mit 20 Litern. Als Leitwerk dienten für die Höhen- und Seitensteuerung einfache Leitflächen mit leichtgängigen Rudern, wovon das Seitensteuer auf normale Weise ausgeglichen war. Die ebenfalls ausgeglichenen Querruder konnten durch ein Handrad betätigt werden. Das Fahrwerk bestand aus zwei verkleideten Achs-Stümpfen. Der Sporn war als normaler Schleifsporn ausgebildet. Erstflug im Sommer 1921.

Technische Daten

Länge	10,3 m
Höhe	2,8 m
Spannweite	17,0 m
Tragfläche	50,0 m²
Triebwerk BMW IV	250 PS
Rüstgewicht	1500 kg
Fluggewicht	2200 kg
Höchstgeschwindigkeit	165 km/h
Gipfelhöhe	5000 m
Fluggäste	4
Besatzung	1

Komet II – Schulterlecker in Metallbauweise. Die Anordnung des Cockpits hinter dem Tragwerk beim Komet I war wegen der schlechten Sichtverhältnisse und der Abgase für den Piloten unbefriedigend. Den Führerstand verlegte man deshalb nach vorn, hinter den Tragflügel-Vorderholm. Der Rumpf wurde von 9,5 m auf 10,3 m verlängert;

die Konstruktion als Hohlkörper, bestehend aus Rahmenspanten mit glatter Blechbeplankung und aufgenieteten Spezialprofilen, entsprach der Ausführung Komet I. Das Tragwerk, aus zwei Flügelhälften gebildet, wurde an der Rumpfseitenwand angeschlossen und mit zwei Streben gegen den Rumpf abgestützt. Gegenüber Komet I kam ein stärkeres Triebwerk zum Einbau, der BMW IV-Motor mit 250 PS oder der Rolls-Royce Falcon mit 260 PS. Verschiedene Kühleranordnungen (Stirnkühler, am Rumpf angebrachte Seitenkühler), zwei- und vierflügelige Holzluftschrauben wurden erprobt. Als Leitwerk dienten für die Höhen- und Seitensteuerung einfache Leitflächen mit leichtgängigen Rudern.

Erstflug am 9. Oktober 1922. Komet II-Flugzeuge kamen in Russland (zehn Stück), England, Spanien, Schweiz und Kolumbien (je eine Maschine) zum Einsatz. Der Komet II flog als erstes deutsches Verkehrsflugzeug am 31. Dezember 1922 nach England, was die Voraussetzung für die Aufnahme eines planmäßigen Luftverkehrs Berlin–London durch den Deutschen Aero Lloyd war.

Technische Daten

Länge	7,5 m
Höhe	2,4 m
Spannweite	9,8 m
Breite bei zurückgeklappten Flügeln	3,2 m
Tragfläche	15,5 m²
Triebwerk 7 Zylinder Siemens, 4 Zylinder Cirrus	80 PS
Rüstgewicht	475 kg
Fluggewicht	750 kg
Höchstgeschwindigkeit	145 km/h
Reisegeschwindigkeit	120 km/h
Gipfelhöhe	2000 m
Besatzung/Passagiere	3

Libelle II – Hochdecker in Metallbauweise, Teile des Tragwerks und Ruderflächen mit Stoff bespannt. Beim eigenstabilen, mehrfach abgeschotteten Boot mit Querstufe und den Dornier-Flossenstummeln wurde, gegenüber Libelle I, der Bug verlängert, was der Besatzung eine größere Spritzwasserfreiheit brachte. Der Kabinenraum für drei Personen blieb im Bootsrumpf angeordnet. Das Tragwerk, bei Libelle II um 1,3 m vergrö-ßert, wurde mit je zwei Stielen gegen das Boot abgestützt. Es bestand aus zwei Tragflügelhälften und einem Tragwerkmittelstück. Wie bei Libelle I waren die Tragflächen nach hinten klappbar ausgeführt. Stärkere Triebwerke kamen zum Einbau: 7-Zylinder-Siemens-Sternmotoren und 4-Zylinder-Reihenmotoren Cirrus mit je 80 PS. Als Leitwerk wurde eine feste Kiel- und Höhenflosse mit einteiligem Seiten- und Höhensteuer vorgesehen. Die Steuerung war als Knüppel-Doppelsteuerung konstruiert, wobei die zweite Steuerung durch eine Kupplung ausgeschaltet werden konnte.

Libelle II-Flugboote wurden nach Neuseeland, Australien, Japan, Brasilien und den Fidschi-Inseln geliefert. Von den Fidschi-Inseln kehrte 1978 eine stark korrodierte Libelle per Seefracht zu Dornier zurück und dient seit ihrer Restaurierung als Ausstellungsstück.

Technische Daten	
Länge	17,3 m
Höhe	5,2 m
Spannweite	22,5 m
Tragfläche	96,0 m^2
Triebwerk Rolls-Royce	
Eagle	2 x 360 PS
Rüstgewicht	3560 kg
Fluggewicht (je nach	
Triebwerk)	5000/5700 kg
Höchstgeschwindigkeit	180 km/h
Steigzeit auf 3000 m Höhe	33 min
Gipfelhöhe	3500 m
Besatzung	3

Dornier-Wal, eines der bedeutendsten Flugboote der deutschen Luftfahrt-Geschichte. Abgestrebter Hochdecker in Metallbauweise, Stoffbespannung beim Tragflügel und Leitwerk. Die Tragflächen waren am Mittelstück, das die Triebwerksgondel bildete, angeschlossen und mit je einem Streben-paar zum Flossenstummel abgestrebt. Das eigen-stabile, zweistufige Boot trug die bewährten Dornier-Flossenstummel. Boot und Stummel waren mehrfach abgeschottet. Raumaufteilung des Boo-tes: Beobachtersitz mit MG im Bug, zweisitziger Führerstand, Kraftstofftanks und Bombenabwurf-vorrichtung, Beobachtersitz mit MG im Heck. Ver-schiedene Triebwerke in Tandem-Anordnung kamen zum Einbau: Hispano-Suiza, Rolls-Royce Eagle, Liberty, Napier Lion, Gnôme Jupiter, Lorrai-ne-Dietrich, Isotta Asso und BMW VI. Unter-schiedliche Kühleranordnungen, zwei- und vier-flügelige Holzluftschrauben wurden erprobt. Das Leitwerk bestand aus je einer Kiel- und Höhenflos-se mit angebauten Rudern.

Der Flugzeugbau war in Deutschland durch die Versailler Verträge stark eingeschränkt. 1922 erfolgte die Gründung der Costruzioni Meccani-che Aeronautiche SA in Marina di Pisa/Italien. Erstflug des Dornier-Wal am 6. November 1922. Lieferungen dieser Version an Spanien, Holland, Chile, Argentinien, Japan, Russland und Jugosla-wien. Lizenzbau in Holland, Spanien und Japan. Im Februar 1925 wurden mit diesem Dornier-Wal 20 Weltrekorde aufgestellt

Technische Daten

Länge	7,4 m
Höhe	2,7 m
Spannweite	10,0 m
Tragfläche	20,0 m²
Triebwerk	300 PS
Rüstgewicht	890 kg
Fluggewicht	1200 kg
Höchstgeschwindigkeit	250 km/h
Gipfelhöhe	6000 m
Steigzeit auf 5000 m Höhe	23 min

Falke – freitragender, einsitziger Hochdecker in Metallbauweise, Tragflügel und Leitwerk teilweise mit Stoff bespannt. Rumpf in Schalenbauweise, durch außen aufgenietete Längsprofile verstärkt. Das Tragwerk, vollständig freitragend konstruiert, wurde mit kurzen, starr befestigten Stielen am Rumpf angeschlossen. Der Flügel konnte dadurch mühelos als Ganzes abgenommen werden. Zum Einbau kam das Triebwerk Hispano-Suiza 300 PS. Als Leitwerk dienten für Höhen- und Seitensteuerung einfache Leitflächen mit leichtgängigen Rudern. Das Leitwerk war ebenfalls abnehmbar gestaltet. Als besonders bemerkenswert galt damals das robuste, achslose Fahrgestell, bei dem sich die Fahrgestellbeine scherenartig im Rumpf kreuzten und dort abgefedert wurden. Die Betriebsstoffanlage bestand aus einem im Rumpf untergebrachten Druckbenzin- und einem im Flügelmittelteil liegenden Fallbenzintank. Der Öltank lag direkt neben dem Motor. Verschiedene Kühleranordnungen wurden untersucht, ein französischer Lamblin-Lamellen-Kühler und normale Wabenkühler als Bauch- und Stirnkühler. Als Bewaffnung sah man zwei starr vor dem Cockpit eingebaute Maschinengewehre vor. Erstflug am 1. November 1922. Unter anderem wurde ein Falke mit dem amerikanischen Wright-Hispano-Suiza-Lizenzmotor H-3 ausgerüstet und von der US-Navy erprobt. Ein anderer Falke ging nach Japan.

Technische Daten

Länge	8,4 m
Höhe	3,1 m
Spannweite	10,0 m
Tragfläche	20,0 m^2
Triebwerk BMW IVa	250/350 PS
Rüstgewicht	1050 kg
Fluggewicht	1320 kg
Höchstgeschwindigkeit	240 km/h
Gipfelhöhe	6800 m
Steigzeit auf 5000 m Höhe	18 min

Falke – freitragender, einsitziger Hochdecker in Metallbauweise, Tragflügel und Leitwerk teilweise mit Stoff bespannt. Rumpf in Schalenbauweise, durch außen aufgenietete Längsprofile verstärkt. Das freitragende Tragwerk wurde mit dem Rumpf durch kurze, starr befestigte Stiele verbunden. Der Tragflügel und das Leitwerk waren abnehmbar konstruiert, um gute Transportmöglichkeit zu gewährleisten. Als Antrieb diente ein 6-Zylinder-BMW IVa-Motor mit 250/350 PS. Der Wasserkühler befand sich unter dem Rumpf. Die Betriebsstoffanlage bestand aus einem im Rumpf untergebrachten Druckbenzintank und einem im Flügelmittelteil liegenden Fallbenzintank. Als Leitwerk wählte man für die Höhen- und Seitensteuerung einfache Leitflächen mit leichtgängigen Rudern.

Der Falke-See wurde im neu gegründeten Werk Marina di Pisa/Italien aus einer Landversion in die Schwimmerausführung umgebaut. Dieses Baumuster übernahm im Rahmen eines Lizenzabkommens die japanische Firma Kawasaki Dockyard Co. im August 1924.

Technische Daten

Länge	12,0 m
Höhe	3,5m
Spannweite	17,1 m
Tragfläche mit Querruder	51,3 m²
Triebwerk Rolls-Royce	
Falcon III	260 PS
Rüstgewicht	1700 kg
Fluggewicht	2525 kg
Höchstgeschwindigkeit	135 km/h
Gipfelhöhe	3000 m
Steigzeit auf 3000 m Höhe	60 min
Passagiere	5
Besatzung	2

Delphin II – einmotoriger Schulterdecker in Metallbauweise. Das Boot mit den Dornier-Flossenstummeln war zweistufig ausgebildet und mehrfach abgeschottet. Gegenüber Delphin I verlegte man das Cockpit nach unten in den Bootskörper. Das Vorschiff wurde verlängert, was die Start- und Landeeigenschaften günstig beeinflusste. Die Konstruktion des Tragwerks bestand aus zwei Ganzmetallflügeln, jeweils mit der Bootsseitenwand fest verbunden und durch zwei Stiele mit den Stummeln verstrebt. Als Triebwerk kam ein Rolls-Royce Falcon III mit 260 PS zum Einbau. Es wurde ein Stirnkühler verwendet. Zwei- und vierflügelige Holzluftschrauben standen in Erprobung. Für das Leitwerk wählte man ein normales Kreuzleitwerk.

Erstflug 15. Februar 1924. Vier Maschinen wurden gebaut. Unter anderem konnte ein Delphin II an das englische Luftfahrtministerium geliefert werden. Zwei Flugboote wurden ab Juli 1925 beim Bodensee Aero Lloyd für Rundflüge eingesetzt. Der Deutsche Aero Lloyd erprobte mit einem dieser Flugboote im Spätsommer 1924 die See-Nachtflug-Versuchsstrecke Stettin–Kopenhagen.

Technische Daten

Länge	12,4 m
Höhe	3,5 m
Spannweite	19,6 m
Tragfläche	62,0 m²
Triebwerk	
Rolls-Royce »Eagle IX«	360 PS
Rüstgewicht	2000 kg
Fluggewicht	3400 kg
Höchstgeschwindigkeit	163 km/h

Do C – Militärversion, im konstruktiven Aufbau und den Abmessungen der Komet III-Zivilversion entsprechend. Abgestrebter Hochdecker in Metallbauweise. Die Tragfläche bestand aus einem Mittelstück, mit dem Rumpf durch vier starre, kurze Stiele verbunden, und zwei Außenflügeln, mit je zwei Streben gegen den Rumpf abgestützt. Als Triebwerk wurden der Rolls-Royce »Eagle IX« und der Napier Lion von je 460 PS eingebaut. Der Kraftstoff befand sich in einem Doppelbehälter im Flügelmittelstück und zwei Reservetanks unter den Führersitzen. Der Rumpf aus Rahmenspanten mit glatter Blechbeplankung war durch außen aufgeniete Spezialprofile verstärkt. Als Leitwerk dienten für Höhen- und Seitensteuerung einfache Leitflächen mit leichtgehenden Rudern. Die Höhenflosse war mit dem Rumpf fest verbunden; die Querruder saßen an den Flügelenden. Es wurde ein Stummelfahrwerk angebaut. Erstflug am 25. September 1924. Je eine Maschine wurde an den japanischen Lizenznehmer, Firma Kawasaki Dockyard Co. in Kobe, und an die chilenische Marine geliefert.

Aufklärungs- und Torpedoflugzeug Do D

Technische Daten

Länge	13,5 m
Höhe	4,6 m
Spannweite	19,6 m
Tragfläche	62,4 m²
Triebwerk BMW VI	600 PS
Rüstgewicht	2950 kg
Fluggewicht	3900 kg
Höchstgeschwindigkeit	195 km/h
Gipfelhöhe	3600 m
Steigzeit auf 3000 m Höhe	36 min

Do D – abgestrebter Hochdecker in Metallbauweise. Das Tragwerk bestand aus einem Flügelmittelstück und zwei Flügelhälften. Das Flügelmittelstück war durch zwei kurze, starre Stielpaare mit dem Rumpf verbunden, die Flügelhälften wurden durch je zwei Streben gegen die Schwimmerabstützung abgefangen. Rumpfeinteilung: Motoreinbau im Bug, zweisitziges Cockpit, Raum für Lasten. Der Kraftstoff befand sich in zwei Tanks im Flügel. Neukonstruktion 1924 für den japanischen Lizenznehmer, Firma Kawasaki Dockyard Co. in Kobe.

Diese erste Do D besaß ein Rolls-Royce-Eagle-Triebwerk mit Bugkühler und einen vorn unter dem Tragwerk liegenden Führerraum. 1926/1927 wurde die Do D-Baureihe mit dem Triebwerk BMW VI ohne Getriebe fortgesetzt. Verschiedene Versionen kamen versuchsweise zur Ausführung: geschlossene und offene Schwimmerabstützung, Führerstand vorn unter dem Tragwerk und hinter dem Tragflügel, Bauch- und Ohrenkühler, unterschiedliche Leitwerksformen und Fensteranordnungen im Rumpf.

Jugoslawien erwarb 24 Do D-Flugzeuge, das Reichsverkehrsministerium drei Maschinen. Ein weiterer Erfolg waren die im Juli/August 1927 aufgestellten acht Weltrekorde.

Technische Daten

Länge	12,5 m
Höhe	3,8 m
Spannweite	17,1 m
Tragfläche	51,0 m²
Bootsbreite	1,8 m
Breite über Stummel	5,5 m
Triebwerk Rolls-Royce Eagle/Gnôme-Rhône	360/420 PS
Rüstgewicht	1925 kg
Fluggewicht (je nach Triebwerk und Tragwerk)	2600/2860 kg
Höchstgeschwindigkeit (je nach Triebwerk und Tragwerk)	156/165 km/h
Gipfelhöhe	3600 m

Do E – abgestrebter Hochdecker in Metallbauweise. Das Boot trug diese Merkmale: außen durch aufgenietete Profile versteift, schwach gekielt, eine Querstufe mit einem dahinterliegenden festen Führungskiel, die bewährten Dornier-Flossenstummel, zu drei Räumen abgeschottet. Im zweiten Raum befand sich der offene Führerstand mit zwei Sitzen nebeneinander, im hinteren Bootsteil der Beobachtersitz mit Waffenstand oder Lichtbildeinrichtung. Das Tragwerk bestand aus zwei Hälften, an einem über dem Bootskörper stehenden Strebenbock lösbar angeschlossen und durch je zwei Streben zu den Stummeln abgestützt. Auf dem Strebenbock war die Triebwerksgondel aufgebaut. Zum Einbau kam der Rolls-Royce Eagle IX-Motor mit 360 PS oder der luftgekühlte Gnôme-Rhône-Motor (Lizenz Bristol) mit 420 PS. Die Rolls-Royce-Version war mit einem Stirnkühler, einer vierflügeligen Dornier-Holzluftschraube und einem Tragwerk mit Metallbeplankung ausgeführt. Die Gnôme-Rhône-Maschine hatte eine zweiflügelige Holzluftschraube und ein stoffbespanntes Tragwerk. Der Kraftstoff befand sich in zwei Aluminiumtanks im Boot unter dem Führerstand und wurde mittels einer Windflügelpumpe zu dem in der Triebwerkgondel befindlichen Entnahmebehälter gepumpt. Höhen- und Seitenleitwerk in Ganzmetallausführung, verstellbare Höhenflosse, durch Hilfsruder entlastetes Höhenruder.

Technische Daten

Länge	12,4 m
Höhe	3,5 m
Spannweite	19,6 m
Tragfläche	62,0 m²
Flügeltiefe	3,3 m
Triebwerk Rolls-Royce	
Eagle IX	360 PS
Rüstgewicht	2070 kg
Fluggewicht	3220 kg
Höchstgeschwindigkeit	168 km/h
Gipfelhöhe	3500 m
Fluggäste	6
Besatzung	2

Komet III – abgestrebter Hochdecker in Metallbauweise. Die Tragfläche bestand aus einem Mittelstück, mit dem Rumpf durch vier starre, kurze Stiele verbunden, und zwei Außenflügeln, mit je zwei Streben gegen den Rumpf abgestützt. Der Rumpf aus Rahmenspanten mit glatter Blechbe-

plankung wurde durch außen aufgenietete Spezialprofile verstärkt. Raumaufteilung: Rumpfvorderteil für den Triebwerkeinbau, Cockpit für Pilot und Bordwart, Kabine für sechs Fluggäste, Toilette, Gepäckraum. Als Triebwerksanlage wählte man den Rolls-Royce Eagle IX mit 360 PS, einen Stirnkühler und eine vierflügelige Dornier-Holzluftschraube. Der Kraftstoff befand sich in einem Doppelbehälter im Flügelmittelstück und zwei Reservetanks unter den Führersitzen. Als Leitwerk dienten für Höhen- und Seitensteuerung einfache Leitflächen mit leichtgehenden Rudern. Die Höhenflosse war mit dem Rumpf fest verbunden; die Querruder saßen an den Flügelenden. Das Fahrwerk, als offenes Dreibeinfahrwerk ausgebildet, konnte durch Schneekufen ersetzt werden. Erstflug am 7. Dezember 1924. Erfolgreich eingesetztes Verkehrsflugzeug des Deutschen Aero Lloyd bzw. der 1926 gegründeten Deutschen Lufthansa, von schweizerischen und russischen Fluggesellschaften. April 1925 Flug München–Mailand, erste Überfliegung der Alpen durch ein Verkehrsflugzeug und Grundstein für den regelmäßigen Luftverkehr nach Italien.

Technische Daten

Länge	6,9 m
Höhe	2,8 m
Spannweite	9,8 m
Breite bei zurückgeklappten	
Flügeln	3,0 m
Tragfläche	15,5 m^2
Triebwerk »Lucifer«	100 PS
Rüstgewicht	490 kg
Fluggewicht	800 kg
Sitzzahl	3
Höchstgeschwindigkeit	140 km/h
Reisegeschwindigkeit	120 km/h
Gipfelhöhe	3500 m

Dornier-Spatz – Landversion des Flugbootes Libelle. Hochdecker in Metallbauweise, Stoffbespannung der hinteren Tragflügelteile und Ruderflächen. Die Tragfläche war dreiteilig. Die beiden Flügelhälften, am Tragwerkmittelstück angeschlossen, wurden durch je zwei Streben gegen den Rumpf abgefangen und konnten, wie bei der Libelle, nach hinten geklappt werden. Die Breite des Flugzeugs reduzierte sich von 9,8 m auf 3,0 m, dadurch gute Transport- und Unterbringungsmöglichkeit gegeben. Im Rumpf, Schalenbauweise in Bootsform, waren drei Sitze angeordnet, zwei Plätze nebeneinander mit Doppelsteuerung, ein Sitz dahinter. Als Triebwerk wählte man den 3-Zylinder-Sternmotor Bristol »Lucifer« mit 100 PS, in einer Gondel auf dem festen Tragwerkmittelstück untergebracht. Der Kraftstoff wurde aus einem im Rumpf gelagerten Benzinbehälter über eine windgetriebene Pumpe in einen hinter dem Motor befindlichen Falltank befördert. Das Leitwerk in Normalbauweise ausgeführt, festes Fahrwerk mit Achse im Rumpf und Hecksporn. Erstflug am 12. Februar 1924.

Technische Daten

Länge	17,3 m
Höhe	5,2 m
Spannweite	22,5 m²
Tragfläche	96,0 m²
Triebwerk Rolls-Royce	
Eagle IX	2 x 360 PS
Rüstgewicht	3630 kg
Fluggewicht	5700 kg
Höchstgeschwindigkeit	185 km/h
Gipfelhöhe	3500 m
Steigzeit auf 3000 m Höhe	30 min
Fluggäste	9
Besatzung	3

Dornier Wal – abgestrebter Hochdecker in Metallbauweise, Stoffbespannung beim Tragflügel und Leitwerk. Das Tragwerk befand sich in geringem Abstand über dem Rumpf. Beide Flügelhälften wurden an dem mit dem Rumpf durch acht Streben verbundenen Flügelmittelstück befestigt und durch je ein Stielpaar auf die Bootsstummel abge-stützt. Das zweistufige Boot in Schalenbauweise und die seitlich angesetzten Flossenstummel waren mehrfach abgeschottet. Raumaufteilung des Bootes: Kollisionsraum für seemännische Ausrüstung, Kabine für neun Fluggäste, zweisitziges Cockpit mit Doppelsteuerung, Tankraum, Post- und Gepäckraum. Verschiedene Triebwerke in Tandem-Anordnung kamen zum Einbau: Rolls-Royce Eagle, Gnôme-Rhône Jupiter, BMW VI, Isotta Asso und Fiat A22R. Unterschiedliche Kühleranordnungen, zwei-, drei- und vierflügelige Luftschrauben wurden erprobt. Das Leitwerk bildete ein auf der Heckspitze des Rumpfes aufgesetztes Flossenkreuz, beiderseits durch Strebenpaare gegen das Rumpfheck abgestützt. Höhen-, Seiten- und Querruder waren durch kleine Hilfsflügel entlastet. Die Dornier-Wale wurden infolge der Einschränkungen durch die Versailler Verträge zunächst in der neu gegründeten Costruzioni Meccaniche Aeronautiche SA in Marina di Pisa/Italien gebaut. Einsatz in Kolumbien, bei italienischen Fluggesellschaften auf Flugrouten bis Griechenland, Türkei und Spanien, auf deutschen Seefluglinien bis Dänemark, Schweden und Norwegen. Lizenzlieferung und Bau in Japan.

Pionierflüge mit Dornier Wal

Januar 1924
Ramon Franco: Spanien–Kanarische Inseln, ca. 4500 km.

August 1924
Locatelli: Marina di Pisa/Italien–Reykjavik/Island, ca. 5300 km; Nordatlantik-Überquerung vor Grönland wegen Schlechtwetter aufgegeben.

Februar 1925
20 Weltrekorde, aufgestellt durch die Dornier-Piloten Richard Wagner und Guido Guidi.

Mai/Juni 1925
Amundsen: Nordpol-Expedition mit zwei Dornier-Walen bis 88° nördliche Breite (2200 km), nach mehrwöchigem Aufenthalt im Packeis Rückkehr mit einem Wal nach Spitzbergen.

August 1925
Studienflug der Dornier-Wale ATLANTICO und PACIFICO der deutsch-kolumbianischen Luftverkehrsgesellschaft SCADTA über die Länder Mittelamerikas.

Januar/Februar 1926
Ramon Franco: Spanien–Buenos Aires mit Wal PLUS ULTRA, erster Südatlantikflug in Ost-West-Richtung, 10 270 km in 60 Stunden.

November 1926
Studienflug mit Wal ATLANTICO von Buenos Aires–Montevideo–Rio de Janeiro (2500 km) mit Reichskanzler Dr. Luther.

Dezember 1926
Geschwaderflug ATLANTIDA von drei Walen von Melilla nach Santa Isabel/Fernando Poo, mit Rückflug ca. 14 200 km.

März/April 1927
Sarmento de Beires aus Portugal: Lissabon–Rio de Janeiro–Pernambuco, 9000 km in 58 Stunden.

September 1927
Courtney aus England: Versuch der Atlantik-Überquerung mit dem Amundsen-Wal, wegen Schlechtwettereinbruch aufgegeben.

Juni 1928
Dornier-Wale Marina I und II: Italien–Spitzbergen, Beteiligung an der Nobile-Hilfsexpedition (Luftschiff Italia).

August 1928
Courtney: zweiter Atlantik-Flugversuch, Notlandung wegen Motorbrand zwischen den Azoren und Neufundland.

Mai 1929
Geschwaderflug Holland–Niederländisch-Indien, 15 600 km.

Juni 1929
Ramon Franco: Versuch der Nordatlantik-Überquerung, Notlandung bei den Azoren wegen Benzinmangel.

August 1930
Wolfgang von Gronau: erster Nordatlantikflug mit Wal D-1422 über Island–Grönland nach New York, 6800 km in 44 Stunden.

August/September 1931
Wolfgang von Gronau: zweiter Nordatlantikflug mit Wal D-2053 nach New York, erste Überquerung Grönlands.

Juli/November 1932
Wolfgang von Gronau: Weltflug mit Wal D-2053 über Island, Grönland, Kanada, USA, Japan, China, Indien, Vorderer Orient und Südeuropa, 44 400 km in 270 Stunden.

Rennflugzeug-Projekt

Technische Daten	
Spannweite	8,8 m
Flügeltiefe	1,9 m
Triebwerk Curtiss/Fiat	1 x 450 PS/
	1 x 500 PS
Leergewicht	950 kg
Fluggewicht	1250 kg
Höchstgeschwindigkeit	330 km/h

Auch der Entwicklung einseitiger Spitzenleistungen, wie z.B. höchster Geschwindigkeit, widmete Claude Dornier sein besonderes Interesse. Aus dem Jahre 1924 stammt das Projekt eines Rennflugzeugs für den »Schneider-Pokal-Wettbewerb«.

Der Entwurf trug diese Merkmale: normaler Eindecker mit zwei runden, zugespitzten Schwimmern von 5,4 m Länge und einem Abstand von 1,2 m, dünne verspannte Tragfläche, Triebwerk im Rumpfbug und Führersitz hinter der Tragfläche.

Technische Daten

Länge	12,4 m
Höhe	3,5 m
Spannweite	19,6 m
Tragfläche	62,0 m²
Flügeltiefe	3,3 m
Triebwerk Rolls-Royce	
Eagle IX	360 PS

Komet III – abgestrebter Hochdecker in Metallbauweise. Die Tragfläche bestand aus einem Mittelstück, mit dem Rumpf durch vier starre, kurze Stiele verbunden, und zwei Außenflügeln, mit je zwei Streben gegen den Rumpf abgestützt. Der Rumpf aus Rahmenspanten mit glatter Blechbeplankung wurde durch außen aufgenietete Spezialprofile verstärkt. Gegenüber der Komet III-Ver-

kehrsausführung war der Innenraum durch Einbeziehung der Toilette und des hinteren Gepäckraumes wesentlich erweitert. Eine stehende und eine hängende Trage an der Steuerbordseite, eine Sitzbank für vier Personen und ein Sitz für den Wärter an der Backbordseite, ein Medikamentenschrank an der Rückwand bildeten die Einrichtung. Mit Seilen, in Gummizügen gefedert, und Gummipuffern wurden die Tragen und Sitze gegen Erschütterungen gesichert. Durch eine breite, nach oben aufklappbare Ladeklappe konnten die Tragen auf einer Leitschiene hineingerollt oder seitlich hineingehoben werden. Auf der Backbordseite befand sich eine normale Einstiegstür. Vor dem Sanitätsraum war der zweisitzige Führerraum untergebracht. Triebwerk Rolls-Royce Eagle mit 360 PS, Stirnkühler, vierflügelige Dornier-Holzluftschraube, Kraftstofftanks im Flügelmittelteil und unter den Führersitzen sowie Leitwerk entsprachen der Komet III-Verkehrsversion.

Sanitätsflugzeug auf Schwimmer   Komet III

Technische Daten

Länge	13,3 m
Höhe	4,7 m
Spannweite	19,6 m
Tragfläche	62,0 m²
Triebwerk Rolls-Royce	
Eagle IX	360 PS
Rüstgewicht	2400 kg
Fluggewicht	3200 kg
Höchstgeschwindigkeit	160 km/h
Gipfelhöhe	2900 m

Komet III – abgestrebter Hochdecker in Metallbauweise. Sonderausführung des Sanitätsflugzeuges mit Schwimmeranordnung. Das Grundkonzept des Komet III wurde beibehalten. Die Tragfläche bestand aus einem Mittelstück, mit dem Rumpf durch vier starre, kurze Stiele verbunden, und zwei Außenflügeln, mit je zwei Streben gegen den Rumpf abgestützt. Der Rumpf aus Rahmenspanten mit glatter Blechbeplankung wurde durch außen aufgenietete Spezialprofile verstärkt. Raumaufteilung: Rumpfvorderteil für den Triebwerkseinbau (Rolls-Royce Eagle IX mit 360 PS), Cockpit für Pilot und Bordwart, Sanitätsraum. Eine stehende und eine hängende Trage an der Steuerbordseite, eine Sitzbank für vier Patienten und ein Sitz für den Wärter an der Backbordseite, ein Medikamentenschrank an der Rückwand bildeten die Ausstattung. Mit Seilen, in Gummizügen gefedert, und Gummipuffern wurden die Tragen und Sitze gegen Erschütterungen gesichert. Durch eine breite, nach oben aufklappbare Tür für die Tragen und eine normale Einstiegstür gelangten die Patienten in die Kabine. Als Leitwerk dienten für Höhen- und Seitensteuerung einfache Leitflächen mit leichtgehenden Rudern. Die Höhenflosse war mit dem Rumpf fest verbunden; die Querruder saßen an den Flügelenden. Gegenüber der Landversion wurde bei der Schwimmerausführung das Seitenruder bezüglich des Einflusses der Schwimmer auf die Richtungsstabilität vergrößert.

Technische Daten

Länge	12,5 m
Höhe	3,5 m
Spannweite	19,6 m
Tragfläche	62,0 m²
Triebwerk BMW VI	
ohne Untersetzung	460/600 PS
Rüstgewicht	2280 kg
Fluggewicht	3300/3900 kg
Höchstgeschwindigkeit	190 km/h
Gipfelhöhe	5200 m
Steigzeit auf 3000 m Höhe	19–23 min
Fluggäste	6
Besatzung	2

Merkur I – Weiterentwicklung des Komet III mit diesen Merkmalen: Steigerung der Flugleistungen und Erhöhung des Fluggewichtes durch den Umbau auf das leistungsstärkere BMW VI-Triebwerk ohne Untersetzung, Verstärkungen an der Zelle, Bauch- statt Bugkühler.

Das Tragwerk bestand aus einem Flügelmittelstück, mit dem Rumpf durch vier starre, kurze Stiele verbunden, und zwei Flügelhälften, mit je einem Strebenpaar gegen den Rumpf abgestützt. Im Rumpfbug war der Motor mit direkt auf die Kurbelwelle aufgesetzter Zugschraube eingebaut. Darunter befand sich der Gepäckraum. Es folgten der Führerraum mit Doppelsteuerung, die sechssitzige Passagierkabine und die Toilette. Der Kraftstoff wurde in zwei Behältern im Flügel und zwei Reservetanks unter den Führersitzen untergebracht. Das Leitwerk war lösbar auf die Heckspitze des Rumpfes aufgesetzt; Flossen und Seitenruder blechbeplankt, Höhenruder stoffbespannt ausgeführt. Nach entsprechender Umrüstung kam dieser Merkur auch als Sanitäts-, Lasten- oder Vermessungsflugzeug zum Einsatz.
Erstflug am 10. Februar 1925. Im Juni 1926 Aufstellung von sieben Weltrekorden. Der Merkur erwies sich als erfolgreiches und wirtschaftliches Flugzeug und wurde in größerer Stückzahl vor allem bei der Deutschen Lufthansa und russischen Fluggesellschaften eingesetzt. Lizenzbau in Japan.

Technische Daten

Länge	13,3 m
Höhe	4,7 m
Spannweite	19,6 m
Tragfläche	62,0 m²
Triebwerk BMW VI	
ohne Untersetzung	460/600 PS
Rüstgewicht	2570 kg
Fluggewicht	3600 kg
Höchstgeschwindigkeit	182 km/h
Gipfelhöhe	4800 m
Schwimmer-Inhalt	3650 Liter
Fluggäste	6
Besatzung	2

Merkur I auf Schwimmern – diese Sonderausführung wurde für Walter Mittelholzer (Direktor der schweizerischen Ad Astra-Aero-Gesellschaft) für seinen Afrika-Forschungsflug gebaut. Im Juni 1926 hatte Walter Mittelholzer zusammen mit dem Dornier-Piloten Georg Zinsmaier sieben Weltrekorde mit der Merkur-Landversion aufgestellt und dabei die Eignung dieses Flugzeugs festgestellt. Die Hochdecker-Bauart bot gute Sichtmöglichkeiten beim Fotografieren und Filmen. Im geräumigen Rumpf waren hinter dem zweisitzigen Cockpit ein Aufenthalts- und Schlafraum für die vierköpfige Besatzung und eine Dunkelkammer untergebracht. Am 17. Dezember 1926 starteten Walter Mittelholzer und seine Begleiter in Zürich mit dem Merkur »Switzerland«.

Nach 76 Tagen erfolgreicher Expedition, einer Flugstrecke von etwa 20 000 km in 97 Stunden Flugzeit, war am 20. Februar 1927 das Endziel Kapstadt erreicht.

Merkur I auf Schwimmern im Einsatz bei der SCADTA in Kolumbien als Verkehrsausführung.

Technische Daten

Länge	18,0 m
Höhe	6,5 m
Spannweite	26,8 m
Tragfläche	129,0 m^2
Triebwerk Napier Lion	2 x 475 PS
BMW VI	2 x 500 PS
Rolls-Royce Condor	2 x 650 PS
Rüstgewicht	4200 kg
Fluggewicht	6300 kg
Höchstgeschwindigkeit	180 km/h
Gipfelhöhe	3000 m
Steigzeit auf 3000 m Höhe	40 min

Do N – im Aufbau die Landversion des Flugbootes Dornier Wal. Das Tragwerk bestand aus zwei Hälften, die am Flügelmittelteil (Triebwerkgondel) angeschlossen waren. Jede Flügelhälfte setzte sich aus einem Mittelteil, einem jeweils abnehmbaren Nasenteil und Tragwerkende zusammen. Das Tragwerk war durch den Motorgondelbock und durch je zwei seitliche Streben gegen den Rumpf abgestützt. Der Ganzmetallrumpf wurde unterteilt in MG-Bugstand, Führerraum, Tankraum und MG-Heckstand. Verschiedene Triebwerke in Tandem-Anordnung kamen zum Einbau: Napier Lion, BMW VI und Rolls-Royce Condor.

An diesem Projekt zeigte der japanische Lizenznehmer, Firma Kawasaki Dockyard Co. aus Kobe, Interesse. Man traf diese Vereinbarung: Dornier stellte die Konstruktionsunterlagen zur Verfügung, lieferte die Rohmaterialien, Profile, Einzelteile und Instrumente. Der Zusammenbau erfolgte in Japan. Ein kleines Team von Dornier-Mitarbeitern übernahm an Ort und Stelle die Einarbeitung der japanischen Firma in den Ganzmetallbau. Selbst Professor Dr. Claude Dornier stand monatelang beratend bei. Am 19. Februar 1926 fand der Erstflug statt. 28 Maschinen wurden gebaut.

Technische Daten

Länge	24,6 m
Höhe	5,9 m
Spannweite	28,6 m
Tragfläche	143,0 m²
Triebwerk	
Rolls-Royce Condor	2 x 650 PS
Packard	2 x 800 PS
Rüstgewicht	8000/8100 kg
Fluggewicht	10 500 kg
Höchstgeschwindigkeit	180/195 km/h
Gipfelhöhe	1700/2670 m
Passagiere	19
Besatzung	4

Superwal – abgestrebter Hochdecker in Metall-bauweise. Am vorn schwach gekielten Boot mit Querstufe, Spornkasten und Wasserruder waren die bewährten Dornier-Flossenstummel ange-bracht. Das mehrfach abgeschottete Boot hatte diese Raumaufteilung: Bugraum für seemänni-sche Ausrüstung, vordere Kabine für elf Flug-gäste, geschlossenes Cockpit mit zwei Sitzen und Doppelsteuerung an Backbord, Toilette, Funk- und Navigationsraum an Steuerbord, Tankraum für acht Kraftstoffbehälter, Gepäckraum und Toi-lette, hintere, achtsitzige Passagierkabine. Die Tragfläche bestand aus einem Mittelstück mit Triebwerkgondel und zwei Außenteilen, jeweils mit einem Strebenpaar gegen die Flossenstummel abgestützt. Ein Aufstiegschacht vom Tankraum zur Motorgondel sicherte den Zugang zu den Motoren auch während des Fluges und bildete, zusammen mit einem Strebengerüst, die Abstüt-zung der Motorgondel mit Flügelmittelteil und des Tragwerks gegen den Bootskörper.
Erstflug am 30. September 1926; drei Maschinen kamen bei der Deutschen Lufthansa zum Einsatz.

Technische Daten

Version mit Siemens Jupiter-Sternmotoren

Länge	24,6 m
Höhe	6,0 m
Spannweite	28,6 m
Tragfläche	143,0 m²
Triebwerk	4 x 525 PS
Rüstgewicht	9850 kg
Fluggewicht	14 000 kg
Höchstgeschwindigkeit	210 km/h
Gipfelhöhe	2000 m
Steigzeit auf 2000 m Höhe	31 min
Fluggäste	19
Besatzung	4

Viermotoriger Superwal – Gesamtaufbau entsprach der zweimotorigen Version. Die Raumaufteilung wurde beibehalten, die Ausstattung der Passagierkabinen jedoch verbessert und runde Kabinenfenster eingesetzt. Verschiedene luft- und wassergekühlte Triebwerke kamen zum Einbau: je 4 x 480 PS Gnôme-Rhône »Jupiter VI«, 525 PS Siemens Jupiter-Sternmotoren mit Getriebe, 460 PS Napier Lion und 550 PS Pratt & Whitney »Hornet« – dadurch wurde ein Mehr an Geschwindigkeit, Gipfelhöhe und Fluggewicht erreicht. Der viermotorige Superwal entwickelte sich zu einem erfolgreichen Baumuster. Im Januar/Februar 1928 stellte Dornier-Chefpilot Richard Wagner zwölf Weltrekorde auf. Sechs Superwale wurden an die italienische Fluggesellschaft SANA überführt. Die Deutsche Lufthansa setzte sieben Maschinen im regelmäßigen Passagierdienst u.a. nach Kopenhagen, Stockholm und Oslo ein. Zwei Stück wurden in die USA geliefert, und bei CASA in Madrid wurde ein in Teilen gelieferter Superwal montiert.

Technische Daten

Länge	14,3 m
Höhe	4,0 m
Spannweite	19,6 m
Tragfläche mit Querruder	62,0 m²
Flügeltiefe	3,3 m
Triebwerk BMW VI	450/600 PS
Rüstgewicht	2900 kg
Fluggewicht	3900 kg
Höchstgeschwindigkeit	180 km/h
Gipfelhöhe	4500 m
Passagiere	10
Besatzung	2

Delphin III – einmotoriger Schulterdecker in Metallbauweise. Gegenüber Delphin II wurde diese Version in der Gesamtauslegung vergrößert, zehn statt wie bisher fünf Passagiere sollten befördert werden. Das Boot wurde einstufig, mit scharf gekieltem, ausgewölbten Bootsbug ausgeführt. Boot und Flossen waren mehrfach abgeschottet, die Bootsoberseite im hinteren Bereich auf eine abgerundete Form geändert. Die beiden Flügelhälften, durch ein zur Flosse führendes Strebenpaar abgestützt, verband man mit dem an der Rumpfoberseite fest angebrachten Flügelmittelstück. Der Kraftstoff wurde in den Flügelhälften unmittelbar neben dem Rumpf in zwei Behältern untergebracht. Als Triebwerk entschied man sich für den BMW VI-Motor mit 450/600 PS. Ein Kastenkühler saß auf dem verkleideten Motor. Eine zweiflügelige Dornier-Holzluftschraube kam zum Einbau. Beim Leitwerk verwendete man ein Kreuzleitwerk. Der Führerstand besaß Doppelsteuerung.
Erstflug am 30. März 1928. Bau von drei Flugbooten im neu gegründeten Dornier-Werk in Altenrhein/Schweiz. 1928 Präsentation des Delphin III auf der Internationalen Luftfahrt-Ausstellung in Berlin. Einsatz beim Bodensee Aero Lloyd.

Technische Daten

Länge	12,9 m
Höhe	3,6 m
Spannweite	19,6 m
Tragfläche	62,0 m²
Triebwerk BMW VI	
mit Untersetzung	500 PS
Rüstgewicht	2780 kg
Fluggewicht	4100 kg
Höchstgeschwindigkeit	192 km/h
Gipfelhöhe	4000 m
Steigzeit auf 2000 m Höhe	15,6 min
Fluggäste	6
Besatzung	2

Merkur II – im Aufbau der Version Merkur I entsprechend. Diese Änderungen sind zu nennen: Erhöhung des Fluggewichtes von 3900 auf 4100 kg, dies erforderte Verstärkungen an der Zelle. Der Tragflügel wurde im Mittelteil mit je zwei weiteren Stielen gegen die Tragwerk-Abstützstreben abgefangen, die zusätzlich durch Zwischenstreben gegen Ausknicken gesichert waren. Als Triebwerk kam anstelle des BMW VI ohne Untersetzung die Version BMW VI mit Untersetzung zum Einbau. Der Führerstand war wahlweise in offener oder geschlossener Form lieferbar. Die Raumaufteilung sah im Bug den Motor auf zwei Trägern vor, die auf den vordersten Spanten des Rumpfes festgeschraubt wurden. Darunter war zum Gewichtsausgleich ein öldicht abgeschlossener Gepäckraum vorgesehen. Hinter dem zweisitzigen Führerraum folgte die Passagierkabine mit 1,72 m Höhe, 3,05 m Länge und 1,45 m Breite und dahinter die Toilette. Der Kraftstoff befand sich in zwei Behältern im Tragwerk und in zwei Reservetanks unter den Führersitzen. Beim Leitwerk waren die Flossen und das Seitenruder mit Blech beplankt, das Höhenruder mit Stoff bespannt. Die Höhen- und Querruder wurden durch mit ihrer Drehachse verbundene Hilfsflächen entlastet; Höhenflosse im Stand verstellbar.

Rennflugzeug-Projekt

Im Jahre 1928 entwickelte Dornier einen weiteren Entwurf eines Rennflugzeugs. Das Modell wurde im Oktober 1928 auf der Internationalen Luftfahrt-Ausstellung in Berlin ausgestellt, wo es großes Aufsehen erregte, da es von den üblichen Formen solcher Baumuster stark abwich. Dieser Dornier-Entwurf stellte einen Zweischwimmer-Tiefdecker dar. Der über dem Tragflügel gelagerte kurze Rumpf trug nicht wie üblich das Höhen- und Seitenleitwerk, sondern nur zwei Motoren in Tandem-Anordnung, von denen der eine die Zug-, der andere eine Druckschraube antrieb. Projektiert waren zwei BMW VI-Spezial-Motoren mit je 1000 PS, zwischen denen der Führersitz angeordnet war. Das Höhen- und Seitenleitwerk wurde von den Schwimmern getragen, die dementsprechend sehr lang gehalten waren. Bemerkenswert war auch die Form der Schwimmer, die einen dreieckigen Querschnitt hatten und gekielt waren. Der kleine Tragflügel war gegen die Rumpfoberkante und das Schwimmergestell mittels Profildrähten verspannt.

Technische Daten

Länge	15,3 m
Höhe	4,5 m
Spannweite	20,6 m
Tragfläche	76,0 m²
Triebwerk Siemens	
Jupiter VI	1 x 510 PS
Rüstgewicht	2700 kg
Fluggewicht	4100 kg
Gipfelhöhe	3100 m
Steigzeit auf 2400 m Höhe	17,5 min
Höchstgeschwindigkeit	190 km/h
Passagiere	8
Besatzung	2

Do K1 – abgestrebter Schulterdecker. Bei der Rumpfkonstruktion der Do K-Baureihe beschritt Dornier versuchsweise einen neuen Weg: rechteckiges Rumpfgerüst aus Stahlrohr und Duralprofilen mit Stoffbespannung. In der Rumpfspitze war das Triebwerk Siemens-Jupiter VI mit einer vierblättrigen Dornier-Holzluftschraube eingebaut. Es folgten das geschlossene Cockpit mit Doppelsteuerung, die achtsitzige Passagierkabine, Toilette und Gepäckraum. Das dreiholmige stoffbespannte Tragwerk von gleichbleibender Flügeltiefe mit kreisförmig abgerundeten Enden war dreiteilig: auf dem Kabinendach aufgesetztes Mittelstück und zwei Außenflügel. Die Kraftstoffbehälter befanden sich im Tragwerk. Das Leitwerk war leicht lösbar auf das Rumpfheck aufgesetzt; Flossen und Ruder erhielten Stoffbespannung. Normales Dreibeinfahrwerk; die Hauptstrebe, als Federbein ausgebildet, führte von der Radachse zum Flügelvorderholm-Rumpfanschluss.
Erstflug am 7. Mai 1929. Do K1 kam nicht zum Einsatz. Nach den Abnahmeprüfungen erfolgte der Umbau auf eine viermotorige Version, die Do K 2.

Technische Daten

Länge	15,0 m
Höhe	4,1 m
Spannweite	20,6 m
Tragfläche	76,0 m²
Triebwerk Gnôme-Rhône	
»Titan«	4 x 240 PS
Rüstgewicht	3400 kg
Fluggewicht	5000 kg
Höchstgeschwindigkeit	195 km/h
Gipfelhöhe	2800 m
Steigzeit auf 2000 m Höhe	18,0 min
Fluggäste	8
Besatzung	2

Do K2 – abgestrebter Schulterdecker. Umbau der einmotorigen Do K1 auf eine viermotorige Version. Je zwei luftgekühlte 5-Zylinder-Gnôme-Rhône-»Titan«-Motoren wurden in Tandem-Anordnung vor dem Flügel, seitlich des Rumpfvorderteils, angeordnet. Die Triebwerke befestigte man durch Streben an Rumpfober- bzw. Rumpfunterkante. Um jedes Triebwerkpaar war eine stromlinienförmige Blechverkleidung angebracht. Beim vorderen Triebwerk verwendete man eine vierblättrig, hinten eine zweiblättrige Dornier-Holzluftschraube mit gegenläufigem Drehsinn. Rumpf, Tragfläche, Leitwerk und Fahrwerk wurden von Do K1 übernommen. Im Dezember 1929 fand der Erstflug statt. Die Do K2 ging nicht in Serienbau.

Technische Daten

Länge	40,1 m
Höhe	10,1 m
Spannweite	48,0 m
Tragfläche (Hauptflügel)	450,0 m^2
Tragfläche (Hilfsflügel)	30,8 m^2
Triebwerk Siemens Jupiter	12 x 525 PS
Rüstgewicht	28 250 kg
Fluggewicht	48 000 kg
Treibstoff	23 300 Liter
Reisegeschwindigkeit	175 km/h
Höchstgeschwindigkeit	210 km/h
Besatzung	14
Fluggäste	66

Do X – Meilenstein in der Geschichte der Luftfahrt und eine noch heute bewunderte Pionierarbeit von Claude Dornier. Abgestrebter Eindecker in Ganzmetallbauweise, durch je drei Stiele gegen die Bootsstummel abgestützt. Neuartige Beplankung des dreiholmigen Flügels mit sogenannten Flügelhautfeldern aus Duralblech oder Stoff.

Querruder an der Flügelhinterkante, durch Ausgleichsflächen entlastet. Die zwölf luftgekühlten Siemens Jupiter-Motoren wurden in sechs Tandemgondeln über dem Flügel eingebaut und untereinander durch einen Hilfsflügel verbunden; Motoren im Flug zugänglich. Eigenstabiles Boot mit scharfem Bug, in flachen Boden übergehend, Längsstufung, Querstufe und Spornkasten mit Wasserruder. Besonderes Merkmal war die Aufteilung in drei Decks. Oberdeck: Cockpit, Navigations- und Funkraum, Maschinenzentrale; Hauptdeck: luxuriöse Räume für etwa 66 Passagiere; Unterdeck: Kraftstoff- und Vorratslagerung. Das verstrebte und verspannte Leitwerk befand sich in üblicher Weise auf dem hochgezogenen Heck; Höhensteuer nach oben versetzt, alle Ruder durch Hilfsflächen ausgeglichen.

Zum Bau der Do X wurde 1926/1927 in Altenrhein eine moderne Flugzeugwerft am See erstellt. Dornier-Chefpilot Richard Wagner startete am 12. Juli 1929 zum Erstflug. Am 21. Oktober 1929 sensationeller Rekordflug mit 169 Personen an Bord – rund 20 Jahre lang nicht überboten.

Technische Daten

Länge	23,4 m
Höhe	7,3 m
Spannweite	30,0 m
Tragfläche	152,6 m²
Rüstgewicht	8000 kg
Fluggewicht	12 000 kg
Triebwerk Siemens Jupiter	4 x 500 PS
Höchstgeschwindigkeit	210 km/h
Gipfelhöhe	3500 m
Steigzeit auf 2000 m Höhe	13,2 min
Besatzung	6

Do P – abgestrebter Schulterdecker, im Aufbau die Landversion des viermotorigen Superwal. Das dreiholmige Tragwerk mit einer Tiefe von 5,3 m bestand aus einem Mittelstück mit den abnehmbar aufgesetzten Triebwerkgondeln und zwei Außenflügeln mit leichter V-Stellung. Stoffbespannung, im Bereich der Triebwerkgondeln metallbeplankt. Jede Flügelhälfte wurde mit je

vier Hauptstreben gegen den Rumpf abgestützt. Der Ganzmetallrumpf mit sickenverstärkter Beplankung war nicht unterteilt, hatte rechteckigen Querschnitt, eine maximale Breite von 1,6 m und eine größte Höhe von 2,3 m. Im Bug sah man einen oberen und unteren Waffenstand vor. Es folgten unmittelbar vor der vorderen Luftschraubenebene das zweisitzige, offene Cockpit mit Doppelsteuerung, der Bombenraum, wiederum ein oberer und unterer Waffenstand und am Heckende ein Drehkranz für ein MG. Als Antrieb wählte man vier Siemens-Jupiter-Motoren mit Untersetzung und vierflügelige Dornier-Holzluftschrauben. Das Fahrwerk wurde als normales Dreibeinfahrwerk mit Federung in der senkrechten Abstützstrebe ausgeführt; Spornrad um 180° schwenkbar. Das Leitwerk wurde während der Erprobung mehrfach verändert; das Höhenleitwerk erhielt eine zusätzliche Höhenflosse.
Erstflug am 31. März 1930. In der Schweiz auf die Militärversion umgerüstet und erprobt; ab März 1931 als Transporter beim RVM eingesetzt.

Technische Daten	
Länge	25,8 m
Höhe	7,9 m
Spannweite	31,0 m
Tragfläche (Hauptflügel)	176,0 m²
Tragfläche (Oberflügel)	10,0 m²
Triebwerk 12 Lbr	4 x 600 PS
Rüstgewicht	10 620 kg
Fluggewicht	16 000 kg
Höchstgeschwindigkeit	205 km/h
Steigzeit bis 2000 m Höhe	20 min
Passagiere	22–30
Besatzung	4

Do S – Eineinhalbdecker in Ganzmetallbauweise. Das Tragwerk bestand aus dem metallbeplankten Flügelmittelstück und zwei Außenteilen mit Stoffbespannung. Ein kleiner Oberflügel mit Blechbeplankung verband zwei Motorgondeln mit den in Tandem-Anordnung eingebauten vier Hispano-Suiza 12 Lbr-Motoren. Der Hauptflügel wurde zum Oberflügel mit Stahldrähten verspannt, gegen die Stummel abgestrebt und verspannt. Ähnlich wie bei der Do X erfolgte getrennte Unterbringung der Passagiere im Hauptdeck und der Besatzung im Oberdeck. Aufteilung des Hauptdecks: Bugraum für Seeausrüstung, Gepäckraum, vordere und hintere Kabine für 22–30 Passagiere, Einstiegsraum mit Garderobe, Aufstieg zum Oberdeck, Waschraum, Küche und Heckraum. Im Oberdeck befanden sich das zweisitzige Cockpit mit Doppelsteuerung, Navigations-, Maschinisten- und Funkraum. Normales Dreiecksleitwerk am Rumpfende aufgesetzt, durch Strebenpaare abgestützt, Flossen und Ruder mit Stoff bespannt, Ruder durch Hilfsflächen entlastet. Unterbringung der Kraftstoffbehälter in den Stummeln. Erstflug am 23. September 1930. Im Dezember 1930 beim Pariser Aero-Salon ausgestellt; 1933 an die Deutsche Verkehrsfliegerschule in List auf Sylt ausgeliefert.

Technische Daten

Länge	40,0 m
Höhe	10,1 m
Spannweite	48,0 m
Tragfläche	450,0 m²
Triebwerk	12 x 640 PS
Rüstgewicht	32 675 kg
Fluggewicht	52 000 kg
Treibstoff	23 300 Liter
Reisegeschwindigkeit	175 km/h
Höchstgeschwindigkeit	210 km/h
Reichweite	2300 km
Besatzung	14
Fluggäste	66

Do X – im Februar 1930 begann man, die luftgekühlten Siemens Jupiter-Motoren mit je 525 PS durch wassergekühlte 640 PS Curtiss-Conqueror zu ersetzen. Die Motorgondeln lagerten nun auf offenen, unverkleideten Strebenböcken. Der bisher die Motorgondeln verbindende Hilfsflügel wurde durch eine einfache Queraussteifung ersetzt. Erstflug am 4. August 1930.
Nach einer weiteren Erprobung am Bodensee startete die Do X am 5. November 1930 zum aufsehenerregenden Vorführungsflug von Europa nach Afrika, Süd- und Nordamerika. Die Flugroute führte über Holland, England, Frankreich, Spanien und Portugal. Ein Großbrand an der Tragfläche am 29. November 1930 in Lissabon verzögerte den Weiterflug. Am 31. Januar 1931 Start von Lissabon zum Atlantikflug über Las Palmas, Bubaque, Porto Praia, Fernando Noronha, Natal nach Rio de Janeiro. Am 5. August Weiterflug entlang der Ostküste Süd- und Nordamerikas, New York war am 27. August 1931 das Ziel. Rückflug vom 19. bis 24. Mai 1932 von New York zum Müggelsee bei Berlin mit Zwischenlandungen auf Neufundland, den Azoren und England. Zu erwähnen ist das Startgewicht von 58 200 kg beim Flug über den Nordatlantik. Hunderttausende besichtigten die Do X auf ihrem Deutschlandflug 1932/1933. Überführung 1934 in die Deutsche Luftfahrtsammlung am Lehrter Bahnhof in Berlin; 1944 Zerstörung der Do X bei Luftangriffen.

Technische Daten

Länge	12,7 m
Höhe	4,7 m
Spannweite	15,0 m
Tragfläche (mit Unterflügel)	44,6 m^2
Triebwerk Hispano Suiza	725 PS
Rüstgewicht	2700 kg
Fluggewicht	3300 kg
Höchstgeschwindigkeit	235 km/h
Gipfelhöhe	5500 m
Steigzeit auf 3000 m Höhe	13 min

Do C3 – Eineinhalbdecker in Metallbauweise. Tragflügel und Rumpf wurden vom Landflugzeug Do 10 übernommen. Der dreiholmige Tragflügel war zweiteilig, hatte einen halb-elliptischen Grundriss und Stoffbespannung. Die Flügelhälften wurden an einem kurzen, aus dem Rumpf heraus-wachsenden Baldachin abnehmbar angeschlossen. Jede Flügelhälfte erhielt je zwei Stielpaare als

Abstützung gegen Unterflügel bzw. Rumpfunterkante. Ungewöhnliche Flügelkonstruktion: größte Dicke in der Ebene des Stielanschlusses, nach außen und gegen die Flugzeugmitte stark abnehmend, um dem hinter dem Tragwerk sitzenden Piloten gute Sicht zu geben; Tragwerk-Vorderkante stark nach hinten gezogen, dadurch leichte Pfeilstellung. Den Rumpf bildete eine Rohrkonstruktion mit Stoffbespannung. Das metallbeplankte Rumpfvorderteil mit dem Triebwerk Hispano Suiza samt Wasserkühler war abnehmbar. Der Kraftstofftank befand sich zwischen Motor und Führerstand im Rumpfboden. Die abgeschotteten Schwimmer waren einstufig, vorn leicht gekielt und mit Wasserrudern ausgestattet. Vom Backbord-Schwimmer führte eine Aufstiegleiter zum Rumpf. Leitwerk mit Stoffbespannung, Höhenflosse gegen den Rumpf abgestützt. Erstflug am 18. September 1931. Erprobung führte zum Umbau des Eineinhalbdeckers Do C3 auf die Do C2A, die als abgestrebter Hochdecker ausgeführt wurde.

Technische Daten

Länge	16,7 m
Höhe	4,6 m
Spannweite	25,0 m
Tragfläche	89,0 m²
Triebwerk	
Walter-Castor-Motoren	4 x 305 PS
Rüstgewicht	4265 kg
Fluggewicht	6200 kg
Höchstgeschwindigkeit	225 km/h
Gipfelhöhe	5200 m
Steigzeit auf 3000 m Höhe	19 min
Passagiere	10
Besatzung	2

Do K3 – gegenüber dem Vorgänger Do K2 wies dieser Typ wesentliche Konstruktionsunterschiede auf: frei tragender Schulterdecker, größeres Tragwerk in neuer Form, verbesserte Rumpfform und Triebwerkanordnung, vergrößerter Fluggastraum.

Der Rumpf, wieder als Stahlrohr-Fachwerkkonstruktion mit Stoffbespannung, jedoch mit aerodynamisch günstigerem ovalen Querschnitt ausgeführt, war unterteilt in: vorderen Gepäckraum, Führerraum mit Doppelsteuerung, zehnsitzige Passagierkabine, Vorraum und Toilette, hinteren Gepäckraum. Der durchgehende, freitragende Flügel mit Stoffbespannung war dreiholmig, V-förmig und direkt auf den Rumpf aufgesetzt. Er hatte im Grundriss eine parabelförmige Vorderkante, gerade Hinterkante und war an den sich verjüngenden Spitzen stark abgerundet. Gegenüber Do K2 verlegte man die Tandemgondel mit je zwei luftgekühlten Walter-Castor-Motoren unter den Flügel. Sie wurden beiderseits des Rumpfes an einem N-Stabzug unter dem Tragwerk aufgehängt und zum Rumpf abgestrebt. Diese Streben mussten auch die Fahrwerkskräfte aufnehmen. Das Fahrwerk bestand aus zwei windschnittig verkleideten und mit hydraulischen Bremsen versehenen Laufrädern und einem Spornrad, schwenkbar im Rumpf gelagert.
Erstflug am 17. August 1931. Erprobung bei der DLH.

Technische Daten

Länge	10,5 m
Höhe	4,3 m
Spannweite	15,0 m
Tragfläche	33,0 m²
Rüstgewicht	2280 kg
Fluggewicht	2640 kg
Triebwerk BMW VI	
mit Getriebe	1 x 710 PS
Höchstgeschwindigkeit	288 km/h
Steigzeit auf 5000 m Höhe	12,8 min

Do 10 – abgestrebter Hochdecker. Der dreiholmige Tragflügel war zweiteilig, stoffbespannt und durch je ein Stielpaar gegen den Rumpf abgestützt. Die Flügelhälften mit halb-elliptischem Grundriss wurden an einem kurzen, aus dem Rumpf herauswachsenden Baldachin abnehmbar angeschlossen. Ungewöhnliche Flügelkonstruktion: größte Dicke in der Ebene des Stielanschlusses, nach außen und gegen die Flugzeugmitte stark abnehmend, um dem hinter dem Tragwerk sitzenden Piloten gute Sicht zu geben; Tragwerk-Vorderkante stark nach hinten gezogen, dadurch leichte Pfeilstellung.

Der Rumpf war eine Rohrkonstruktion mit Stoffverkleidung. Im metallbeplankten, abnehmbaren Rumpfvorderteil war das Triebwerk samt Wasserkühler eingebaut. Danach folgten der Kraftstofftank, das einsitzige Cockpit und der Beobachterstand.

Beim Fahrwerk waren die verkleideten Laufräder mit je zwei Abstützstreben gegen die Rumpfunterseite und einer Strebe mit Federpaket gegen den vorderen Flügelstielanschluss befestigt. Leitwerk mit Stoffbespannung, Höhenleitwerk im Flug verstellbar und einstielig gegen den Rumpf abgestützt. Verschiedene Versuche: eine zur Horizontalen angestellte Triebwerkachse und Hilfsfläche über der Tragwerknase. Erstflug am 25. Juli 1931; zwei Maschinen gebaut.

Technische Daten

Länge	18,2 m
Höhe	5,5 m
Spannweite	23,2 m
Tragfläche	96,0 m²
Triebwerk BMW VI	
ohne Getriebe	2 x 690 PS
Rüstgewicht	5050 kg
Fluggewicht	8000 kg
Höchstgeschwindigkeit	225 km/h
Gipfelhöhe	3000 m
Steigzeit bis 3000 m Höhe	35 min
Fluggäste	14
Besatzung	3

Dornier-Wal – Neuauflage der seit 1922 erfolgreich eingesetzten Flugboote mit diesen Merkmalen: spitzer Bootsbug, 14 Fluggäste statt wie bisher neun, Unterbringung des Kraftstoffs in den Flossenstummeln, geänderte Leitwerksform, runde Kabinenfenster statt wie bisher rechteckige Form und leistungsstärkeres Triebwerk.

Die zweiholmigen Flügelhälften schlossen beiderseits an das die Triebwerksanlage aufnehmende Flügelmittelstück an und wurden durch je zwei Streben zu den Bootsstummeln abgestützt. Im Bereich des Luftschraubenstrahls waren die Flügel mit Blech beplankt, im Übrigen mit Stoff bespannt. Im zweistufigen Boot, durch wasserdicht verschließbare Türen abgeschottet, bot sich diese Anordnung an: Kollisionsraum für Seeausrüstung, Kabine für acht Fluggäste, Cockpit mit zwei Sitzen, ein weiterer Passagierraum mit sechs Plätzen, danach auf Backbord der Funkraum, auf Steuerbord die Toilette, Gepäckraum. Zwei BMW VI-Motoren ohne Getriebe wurden in der oberhalb des Flügels liegenden Tandemgondel eingebaut und konnten auch während des Fluges im Notfall repariert werden. Das Leitwerk war wie üblich auf der Heckspitze des Rumpfes aufgesetzt und durch Strebenpaare gegen das Rumpfheck abgestützt. Flossen und Ruder hatten Stoffbespannung; die Ruder wurden durch Hilfsflächen entlastet.
Erstflug am 27. Januar 1931.

Technische Daten

Länge	18,2 m
Höhe	5,5 m
Spannweite	23,2 m
Tragfläche	96,0 m^2
Triebwerk BMW VI	
ohne Getriebe	2 x 690 PS
Rüstgewicht	5475 kg
Fluggewicht	8500 kg
Höchstgeschwindigkeit	225 km/h
Gipfelhöhe	3000 m
Steigzeit bis 3000 m Höhe	35 min
Besatzung	4

Dornier-Katapultwale für den Südatlantik-Postflugdienst der Deutschen Lufthansa entsprachen im Wesentlichen der Version Wal-Verkehr-Zweitausführung, wurden jedoch für den Katapultabschuss verstärkt und in der Raumaufteilung dem Verwendungszweck angepasst: Kollisionsraum, Cockpit, Funk- und Navigationsraum, Post- und Frachtraum, Zusatztankraum und rückwärtiger Frachtraum. Der Dampfer Westfalen wurde zum schwimmenden Flugstützpunkt umgebaut und in der Mitte des Südatlantik stationiert, um die Flugstrecke von Bathurst an der Westküste Afrikas nach Natal in Brasilien wegen der mangelnden Reichweite der Flugboote zu unterteilen. Die Dornier-Wale »Monsun« und »Passat« wasserten auf einem Schleppsegel, einer halbstarren Verbindung zum Schiff, wurden mittels Heckkran auf die Schleuderanlage gehievt, aufgetankt und zum Weiterflug katapultiert. Am 6. Juni 1933 unternahm der Dornier-Wal »Monsun« den ersten Katapultflug nach Natal, »Passat« flog den entgegengesetzten Kurs. Nach weiteren Versuchsflügen wurde im Februar 1934 der planmäßige Luftpostverkehr Deutschland–Südamerika unter Verwendung der Wale für die Südatlantikstrecke eröffnet und erfolgreich betrieben.

Technische Daten

Länge	40,0 m
Höhe	10,2 m
Spannweite	48,0 m
Tragfläche	450,0 m²
Triebwerk Fiat-A.22 R	12 x 610 PS
Rüstgewicht	34 820 kg
Fluggewicht	48 000 kg
Reisegeschwindigkeit	190 km/h
Höchstgeschwindigkeit	210 km/h
Steigzeit auf 2000 m Höhe	23 min
Gipfelhöhe	3200 m
Besatzung	14
Fluggäste	66

Do X2 und Do X3 – diese beiden Flugschiffe wurden für Italien gebaut. Lediglich die Triebwerksanlage wurde gegenüber der Do-X1-Version geändert, es kamen die wassergekühlten Fiat-A.22 R-Motoren zum Einbau. Die Motorgondeln samt ihren Stützböcken waren stromlinienförmig verkleidet. Bei der Do X1 waren die Ölkühler noch frei tragend an der Gondelunterseite angebracht.

Bei der Do X2 und 3 befanden sich im vorderen Motorgondelbereich je zwei runde Löcher, die als Lufteinlassöffnungen für die zwei Ölkühler vom Typ »Bienenwabe« dienten. In den Stützböcken erkennt man zwei übereinander angeordnete, verstellbare Kühlerjalousien.

Der Erstflug der Do X2 fand am 16. Mai 1931 statt. Am 28. August 1931 startete sie mit der deutsch-italienischen Besatzung von Altenrhein zum Überführungsflug nach Italien. Endziel war der Seeflughafen Cadimare bei La Spezia, wo sie unter dem Namen »Umberto Maddalena« vom italienischen Luftfahrtministerium übernommen wurde. Das Bemerkenswerte dieses Fluges war die Alpenüberquerung über den Splügenpass in einer Höhe von 3200 m. Die Do X3 kam über die gleiche Route am 13. Mai 1932 an und wurde unter dem Namen »Alessandro Guidoni« registriert. Nach Rundflügen in Italien setzte man die Flugschiffe für Schulungs- und Transportflüge ein. Ein regelmäßiger Flugdienst kam aus wirtschaftlichen Gründen nicht zustande, etwa 1935 wurden die Do X2 und Do X3 außer Dienst gestellt und später verschrottet.

Technische Daten

Länge	18,2 m
Höhe	7,3 m
Spannweite	26,6 m
Tragfläche (Endausführung)	108,8 m²
Triebwerk Gnôme-Rhône	
Jupiter 9 Kers	3 x 625 PS
Rüstgewicht	6200 kg
Fluggewicht	8500 kg
Höchstgeschwindigkeit	300 km/h
Gipfelhöhe	8300 m
Steigzeit auf 4000 m Höhe	12,5 min
Besatzung	4

Do Y – freitragender Hochdecker. Das dreiholmige Tragwerk, teils stoffbespannt, teils metallbeplankt, bestand aus drei Teilen: ein bis über die seitlichen Motorgondeln reichendes Mittelstück und zwei Außenteile. Die Flügelform war halbelliptisch mit gerader Hinterkante. Die Flügelenden wurden im Laufe der Erprobung zurückgeschnitten. Der Schalenrumpf war aus Leichtmetall gefertigt. Zwei Triebwerke wurden in den Flügelvorderkanten eingebaut, das dritte auf einem Strebenbock über dem Rumpf. Die zuerst verwendeten Bristol Jupiter VI-Motoren mit je 450 PS tauschte man gegen Gnôme-Rhône Jupiter 9 Kers mit je 625 PS aus, die zweiflügeligen Holzluftschrauben gegen dreiflügelige Luftschrauben aus Metall. Zwei Kraftstoffbehälter befanden sich im Flügelmittelteil. Das Fahrwerk bestand aus zwei windschnittig verkleideten Rädern und einem schwenkbaren Spornrad. Die Haupträder waren mit je einer senkrechten Federstrebe am Flügelmittelstück und je einem schwenkbaren V-Strebenpaar an der Rumpfunterseite angelenkt. Erstflug am 17. Oktober 1931; vier Maschinen an die jugoslawische Luftwaffe geliefert.

Rennflugzeug-Projekt

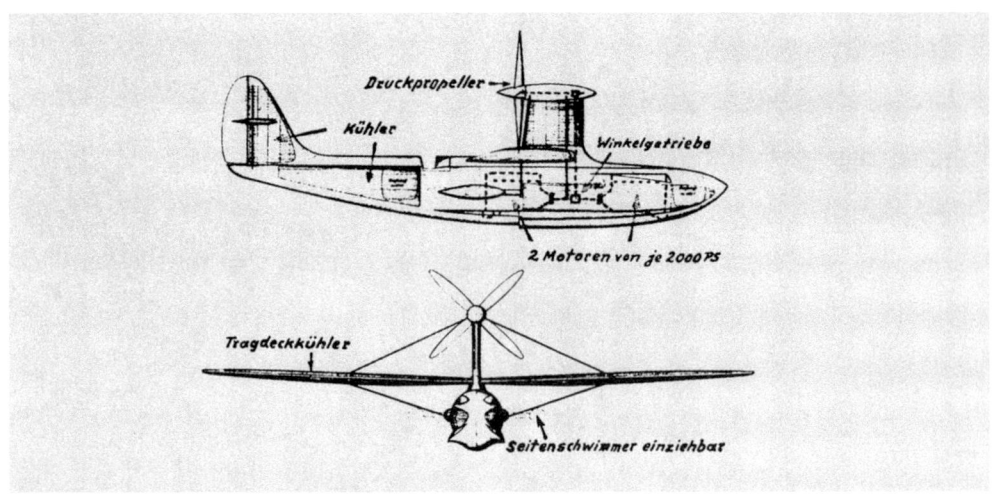

Technische Daten

Länge	11,0 m
Höhe	4,1 m
Spannweite	12,0 m
Tragfläche	24,0 m^2
Triebwerk	2 x 2000 PS
Rüstgewicht	3250 kg
Fluggewicht	4000 kg
Höchstgeschwindigkeit	650 km/h

Ein von den bisherigen Rennflugzeugen für den »Schneider-Pokal« stark abweichender Entwurf wurde bei Dornier 1931 bearbeitet.

Zwei Motoren von je 2000 PS waren im Rumpfinnern eingebaut und trieben gemeinsam mit einem Winkelgetriebe eine Luftschraube an. Infolge der großen Leistung mussten außer der Flügeloberfläche auch Teile des Rumpfes und Leitwerks mit zur Kühlung des Triebwerks herangezogen werden. Der Boden des Bootes war nicht gekielt, sondern abgerundet. Die Stabilität auf dem Wasser wurde durch kleine, im Flug einziehbare Schwimmer erreicht.

Technische Daten

Länge	12,8 m
Höhe	5,1 m
Spannweite	15,0 m
Tragfläche	32,4 m²
Triebwerk	
Hispano-Suiza 12 Nbr	740 PS
Rüstgewicht	2550 kg
Fluggewicht	3200 kg
Höchstgeschwindigkeit	250 km/h
Gipfelhöhe	4400 m
Steigzeit auf 4000 m Höhe	26 min
Besatzung	2

Do C2A – abgestrebter Hochdecker. Umbau des Eineinhalbdeckers Do C3, da der bei diesem Typ verwendete Unterflügel nicht den erwarteten Auftrieb gebracht hatte. Tragflügel, Rumpf, Leitwerk und die Schwimmer blieben unverändert. Beim Triebwerk stellte man auf den Hispano-Suiza 12 Nbr-Motor mit 740 PS um. Es wurde eine vierblättrige Dornier-Holzluftschraube verwendet. Gegenüber Do C3 war bei Do C2A neben dem Kraftstoff-Haupttank im Rumpfboden ein Zusatzbehälter hinter der Motorbrandwand eingebaut. Hinter dem einsitzigen Cockpit mit Knüppelsteuerung, hinter dem Tragwerk angeordnet, folgte der Platz für den Beobachter.

Zwei Flugzeuge wurden an die kolumbianische Luftwaffe geliefert.

Technische Daten

Länge	18,7 m
Höhe	5,6 m
Spannweite	28,0 m
Tragfläche	111,0 m²
Triebwerk Siemens Jupiter	2 x 550 PS
Rüstgewicht	4770 kg
Fluggewicht	8000 kg
Höchstgeschwindigkeit	250 km/h
Gipfelhöhe	4700 m

Do F – abgestrebter Schulterdecken in Ganzmetallbauweise mit erstmals ausgeführtem Einziehfahrwerk. Der dreiholmige, dreiteilige Tragflügel mit parabelförmiger Flügelvorder- und geradliniger Flügelhinterkante wurde gegen den Rumpf mit Streben und Drahtseilen abgefangen. In der Flügelnase des Tragmittelstücks waren die beiden Triebwerke eingebaut, die Motorträger abnehmbar am Tragflächen-Vorderholm gelagert. Flügelvorderkante und im Motorenbereich Blechbeplankung, restlicher Tragflügel und Querruder mit Stoffbespannung ausgeführt. Der Rumpf in Schalenbauweise mit rechteckigem Grundriss hatte diese Raumaufteilung: Kollisionsraum für Ersatzteil, Führerraum mit Doppelsteuerung, großer Frachtraum mit Ladeluke in der Rumpfoberseite, Raum für Postsachen, hinterer Rumpfeinstieg und Funkraum. Stoffbespanntes Seiten- und Höhenleitwerk in üblicher Eindeckerausführung, abgestrebt auf dem Rumpfende gelagert; Seitenruder mit Hilfsruder, Höhenflosse im Flug verstellbar. Den beim Prototyp eingebauten luftgekühlten Siemens-Jupiter-Motoren mit je 550 PS folgten die leistungsstärkeren, luftgekühlten Siemens-SH 22B mit je 650 PS.
Erstflug am 7. Mai 1932. Zehn Do F-Flugzeuge kamen auf den von der Deutschen Reichsbahn in Verbindung mit der Deutschen Lufthansa eröffneten »Reichsbahnstrecken« zum Einsatz. Die Militärversion wurde in Do 11 umbenannt.

Technische Daten

Länge	9,0 m
Höhe	4,2 m
Spannweite	13,0 m
Tragfläche	28,0 m²
Triebwerk	
Gnôme-Rône Titan 5 Ke	1 x 317 PS
Rüstgewicht	1075 kg
Fluggewicht	1400 kg
Höchstgeschwindigkeit	210 km/h
Gipfelhöhe	5100 m
Steigzeit auf 4000 m Höhe	23 min
Besatzung und Passagiere	2–4

Do 12 – Schulterdecker. Durch das im Flug ein- und auskurbelbare Fahrgestell konnte die Do 12 sowohl auf dem Land als auch auf dem Wasser starten und landen. Der zweiholmige, trapezför- mige Tragflügel bestand aus zwei Hälften, am Rumpf abnehmbar angeschlossen. Das Tragwerk wurde nach oben gegen den Motorbock durch je ein Stielpaar verstrebt. Zwei unter dem Tragwerk angeordnete Stützschwimmer sorgten für die Sta- bilität auf dem Wasser. Boot und Stützschwimmer wurden mehrfach abgeschottet, am Boot Ausbil- dung von seitlichen Mulden für das einklappbare Fahrgestell. Der Bootsboden war einstufig, flach gekielt und mit einem herausschwenkbaren Füh- rungskiel versehen.

Raumaufteilung: Bugraum für Seeausrüstung und Gepäck, zweisitziges Cockpit mit ausbaubarer Doppelsteuerung, Kabine für ein bis zwei Passa- giere, Gepäck- und Heckraum – wahlweise zur Einrichtung von Schlafgelegenheiten. Anordnung des luftgekühlten Triebwerks auf einem besonde- ren Gestell über dem Flügel – der Argus As 10 mit 220 PS wurde später gegen Gnôme-Rône Titan 5 Ke mit 317 PS ausgetauscht. Stoffbespanntes Höhen- und Seitenleitwerk, mit Drahtseilen ver- spannt; Kraftstoffbehälter im Flügel.

Erstflug am 23. Juni 1932. Ein Muster gebaut und 1935 vom »Fliegenden Pater« Schulte für seine Missionszwecke in Übersee übernommen.

Technische Daten

Do 13C-Version

Länge	18,8 m
Höhe	5,4 m
Spannweite	28,0 m
Tragfläche	112,0 m^2
Triebwerk	
BMW VI mit Getriebe	2 x 750 PS
Rüstgewicht	6050 kg
Fluggewicht	8600 kg
Höchstgeschwindigkeit	260 km/h
Gipfelhöhe	4600 m
Steigzeit auf 3000 m Höhe	18 min
Besatzung	4

Do 13 – halb freitragender Hochdecker in Ganzmetallbauweise, eine vereinfachte Weiterentwicklung der Do 11 mit folgenden Änderungen; starres Fahrwerk gegenüber Einziehfahrwerk bei Do 11, Landeklappen und Querruder als tiefgesetzte Hilfsflügel an der Hinterkante des Tragwerks angeordnet. Rumpf und Tragflügel mit dem stark zugespitzten Grundriss wurden von der Do 11 übernommen. Der Prototyp Do 13 A hatte zunächst luftgekühlte Siemens Jupiter-Motoren mit je 600 PS, wurde aber noch vor der Auslieferung an das Reichsluftfahrtministerium auf flüssigkeitsgekühlte BMW VI-Motoren mit je 750 PS umgerüstet. Je eine Maschine Do 13 C, E und F mit BMW VI-Triebwerken gebaut. Die gegen Beschuss geschützten Kraftstoff- und Schmierstoffbehälter brachte man im Tragflügel unter.

Erstflug am 13. Februar 1933; vier Maschinen an das Reichsluftfahrtministerium geliefert. Do 13 war der Vorläufer der Do 23-Flugzeuge, welche die erste Standardausrüstung bei den Kampfverbänden der deutschen Luftwaffe bildeten.

Technische Daten

Länge	18,8m
Höhe	5,6 m
Spannweite	26,3 m
Tragfläche	107,8 m^2
Triebwerk	
Siemens SH 22-B	2 x 650 PS
Rüstgewicht	5830 kg
Fluggewicht	8200 kg
Höchstgeschwindigkeit	250 km/h
Gipfelhöhe	4100 m
Steigzeit auf 4000 m Höhe	38 min
Besatzung	4

Mit dem Aufbau der deutschen Luftwaffe im Jahre 1933 wurden die Post- und Frachtflugzeuge Do F in eine Militärversion umgerüstet und in Do 11 umbenannt. Der Serienbau Do 11 unter Beibehaltung sämtlicher Bauteile begann. Der Tragflügel mit dem stark zugespitzten Grundriss wirkte sich negativ auf die Flugeigenschaften aus, die Flügelenden wurden deshalb gekürzt, die Form des Seitenleitwerks verbessert – mit diesen Änderungen als Do 11 D bezeichnet. Die abnehmbare Bugkanzel wurde verglast, der Führerraum erhielt Einzelsteuerung. Als Triebwerk kamen die luftgekühlten Siemens SH 22-B mit Getriebe zum Einbau; die dreiflügeligen VDM-Einstellschrauben hatten einen Durchmesser von 3,9 m. Die gegen Beschuss geschützten Kraftstoff- und Schmierstoffbehälter brachte man im Tragflügel unter. Geteiltes Fahrwerk ohne durchgehende Achse, mit je zwei Streben gegen den Rumpf und mit elastischen Dämpfungsgliedern gegen den Flügel abgestützt. Die Neuheit war das Einziehfahrwerk: In der Endstellung lagen die Räder in Aussparungen der Flügelunterseite, die durch die heraufklappenden Radverkleidungen vollkommen abgedeckt wurden. Das Einziehen erfolgte elektromechanisch oder durch eine Handkurbel.

Bei Dornier in Friedrichshafen und Wismar wurden (einschließlich Do F) 122 Maschinen gebaut; die Bayerischen Flugzeugwerke Augsburg fertigten 30 Stück in Lizenz.

Technische Daten

Länge	18,2 m
Höhe	5,8 m
Spannweite	27,2 m
Tragfläche	112,0 m²
Triebwerk	
BMW VI mit Getriebe	2 x 690 PS
Rüstgewicht	6215 kg
Fluggewicht (Katapultstart)	10 000 kg
Höchstgeschwindigkeit	220 km/h
Gipfelhöhe	3500 m
Steigzeit auf 3000 m Höhe	25 min
Besatzung	4–5

Dornier-Katapultwal 10 t war eine Weiterentwicklung der von der Deutschen Lufthansa im Südatlantik-Postflugdienst eingesetzten Dornier-Wale 8,5 t. Die Tragfläche wurde von 96 auf 112 m² vergrößert und zusätzlich am Flossenstummel abgestrebt. Als Triebwerk wählte man die BMW VI-Motoren mit Getriebe, das Cockpit war in geschlossener Form ausgeführt.

Der Erstflug fand am 3. Mai 1933 statt. Ab 1934 erfolgte der Einsatz auf dem Südatlantik. Die beiden Katapultschiffe SCHWABENLAND und WESTFALEN lagen vor Bathurst an der afrikanischen Westküste bzw. Natal in Brasilien, da die weiterentwickelten 10 t-Wale mit größerer Reichweite Direktflüge erlaubten.

Ab Juli 1934 wurde eine wöchentliche Verbindung eingeführt, ab März 1935 flogen die Wale die Südatlantikroute auch bei Nacht. Im Dezember 1936 fand die 200. planmäßige Südatlantik-Überquerung statt. Die Deutsche Lufthansa bezog insgesamt sechs Katapultwale 10 t.

1938/39 nahmen die Katapultwale BOREAS und PASSAT mit dem Katapultschiff SCHWABENLAND an der Deutschen Antarktischen Expedition teil.

Technische Daten

Do 23 G

Länge	18,8m
Höhe	5,4 m
Spannweite	25,6 m
Tragfläche	106,6 m^2
Triebwerk	
BMW VI, Baureihe 7	2 x 735 PS
Rüstgewicht	6485 kg
Fluggewicht	9200 kg
Höchstgeschwindigkeit	262 km/h
Gipfelhöhe	4200 m
Steigzeit auf 1000 m Höhe	4 min
Besatzung	4

Do 23 – Weiterentwicklung der Do 13: mit abgeschnittenen Tragflügelenden, um die Schwingungsanfälligkeit zu vermindern, Verbesserung der Zellenstruktur durch einen Längsträger im Rumpfboden und starken Rohrdiagonalen bei einigen Spanten. Die Do 23 F war für ein Fluggewicht von 8750 kg ausgelegt, die Do 23 G für 9200 kg. Der Rumpf mit rechteckigem Querschnitt war unterteilt. Eine andere Version: Mit einem Spezialsitz und Sitzfallschirm konnten Pilot und Bordwart durch einen offenen Schacht das Flugzeug nach unten verlassen. Das dreiholmige, teils blechbeplankte, teils stoffbespannte Tragwerk mit halb-elliptischem Grundriss, geradlinig verlaufender Hinterkante und geraden Flügelenden wurde durch starke Profildrähte gegen die Rumpfunterkante abgefangen. Bei der Version Do 23 G verstärkte man die Tragwerkholme entsprechend dem erhöhten Fluggewicht. Querruder auf Auslegerarmen des Flügelendes nach unten versetzt gelagert, als zusätzliche Landehilfe wirkend. Höhen- und Seitenleitwerk stoffbehäutet, abgestrebte Höhenflosse im Flug verstellbar; versuchsweise Doppelseitenleitwerk ausgeführt. Das gegen Rumpf und Tragwerk abgestrebte Fahrwerk war nicht einziehbar.

Erstflug am 1. September 1934. Etwa 280 Flugzeuge bei Dornier in Friedrichshafen und Wismar sowie in Lizenz bei Henschel-Flugzeugbau und Blohm & Voss gefertigt.

Technische Daten

Länge	16,9 m
Höhe	4,3 m
Spannweite	18,0 m
Tragfläche	55,0 m^2
Triebwerk BMW VI, DB 600, Hispano, Bramo 323	2 x 750/850 PS
Rüstgewicht (V1)	5020 kg
Fluggewicht (V1)	6500 kg
Höchstgeschwindigkeit (V1)	375 km/h
Gipfelhöhe (V1)	5800 m
Ausrüstung und Bewaffnung	je nach Verwendungszweck

In den Jahren 1933 bis 1937 wurden die Do 17 V1 bis V21 im Auftrag des RLM für verschiedene Einsatzzwecke entwickelt und gebaut.

Die Do 17, ein Schulterdecker in Ganzmetallbauweise, bestand aus vier Großbauteilen: Haupt-rumpf, trennbare Kanzel, Tragfläche und Leitwerk. Der schlanke, langgezogene Rumpf war in Schalenbauweise mit Blechbeplankung ausgeführt. Bugkanzel zunächst geschlossene Form, danach verglaste Kanzel. Der freitragende Flügel in Trapezform mit abgerundeten Enden hatte Blechbeplankung und im Mittelteil der Flügelunterseite Stoffbespannung; Querruder und Landeklappen an der Hinterkante des Flügels angeordnet. Die beiden Motoren in je einer Motorgondel vor der Flügelvorderkante eingebaut, bei Do 17 V1 bis V21 wurden erprobt: BMW VI, BMW VI D, Hispano Y, DB 600, DB 600 C, BMW 132 F und Bramo 323. Das unter den Motoren angeordnete Fahrwerk war hydraulisch-mechanisch einziehbar. Die bremsbaren Räder schwenkten nach hinten in die Motorgondel ein, wobei sich die Öffnung in der Flügelunterseite durch zwei selbsttätige Klappen schloss. Do 17 V1 mit einfachem Seitenleitwerk geflogen, ungenügende Stabilität führte ab der Do 17 V2 zum endgültigen Doppelleitwerk.

Der Erstflug der Do 17 V1 fand am 23. November 1934 unter Führung des Dornier-Chefpiloten Egon Fath statt.

Technische Daten

Länge	19,3 m
Höhe	5,4 m
Spannweite	23,7 m
Tragfläche	98,0 m²
Triebwerk Jumo 205 C	2 x 600 PS
Rüstgewicht	6260 kg
Fluggewicht – Wasserstart	8500 kg
Fluggewicht – Katapultstart	10 000 kg
Höchstgeschwindigkeit	260 km/h
Gipfelhöhe (mit 8500 kg)	4200 m
Besatzung	4–5

Do 18 E – abgestrebter Hochdecker in Ganzmetallbauweise. Der durch zwei Stielpaare zu den Bootsstummeln abgestrebte, blechbeplankte, ab Hinterholm stoffbespannte Flügel hatte Trapezform mit abgerundeten Enden. Das mehrfach abgeschottete Boot war gekennzeichnet durch scharfe Kielung am Bug, schwach gewölbten Boden, Mittellängsstufe, Querstufe und Spornkasten mit Wasserruder; oberhalb der Wasserlinie vollkommen abgerundete Form, durch niedrig gehaltenen Aufbau des Cockpits nach hinten glatter Verlauf mit dem übrigen Boot. Raumaufteilung: Bugraum für Seeausrüstung, Cockpit mit Doppelsteuerung, Funk- und Navigationsraum, Kraftstoffraum, Post- und Frachtraum, Heckraum für Betriebshilfsgerät; weiterer Kraftstoff in den Stummeln. Das Rumpfende ging in die einkielige Seitenflosse über, Höhenflosse gegen den Rumpf abgestrebt.

Erstflug am 15. März 1935. Drei Do 18E von der Deutschen Lufthansa im regelmäßigen Südatlantik-Postflugverkehr eingesetzt; 1935–1939 insgesamt 65 Südatlantiküberquerungen. 1936 Nordatlantik-Erprobung mit den Flugbooten »Aeolus« und »Zephir«: je zwei Hin- und Rückflüge Lissabon bzw. Azoren nach New York. März 1938 internationaler Langstreckenrekord England–Brasilien, 8392 km in 43 Stunden.

Technische Daten

Länge	18,3 m
Höhe	5,4 m
Spannweite	23,2 m
Tragfläche mit Querruder	100,0 m²
Triebwerk	
BMW VI ohne Getriebe	2 x 690 PS
Rüstgewicht	5500 kg
Fluggewicht	8500 kg
Höchstgeschwindigkeit	230 km/h
Gipfelhöhe	2900 m
Steigzeit auf 2000 m Höhe	28 min
Besatzung	4

Dornier-Wal – abgestrebter Hochdecker in Metallbauweise. Die beiden Flügelhälften waren am Mittelstück angeschlossen und mit je zwei Streben gegen die Bootsstummel abgestützt. Das Mittelstück, durch sogenannte Baldachinstreben auf dem Rumpf befestigt, diente gleichzeitig als Hauptgerüst der Motorgondel. Das gesamte Tragwerk, bis auf den begehbaren Teil, wurde mit Leinwand bespannt. Das Boot mit den dreifach abgeschotteten Flossenstummeln war in Schalenbauweise und mit Katapultverstärkung ausgeführt. Die vorn scharfe Kielung ging in einen schwach gewölbten Boden mit einer Mittellängsstufe über. Der Bootsboden war durch eine Querstufe mit einem danach folgenden Verdrängungskiel abgesetzt. Das Boot war sechsfach abgeschottet. Zwei wassergekühlte BMW VI-Motoren in Tandem-Anordnung. Das Leitwerk: Höhenflosse verstellbar, Kielflosse feststehend, Seiten- und Höhenruder mit Eigenausgleich, Querruder durch Schlitz vom Flügel getrennt und an Lagerarmen angeordnet, Stoffbespannung.

Technische Daten

Länge	18,0 m
Höhe	7,4 m
Spannweite	25,0 m
Tragfläche	89,0 m²
Triebwerk BMW VI	2 x 690 PS
Rüstgewicht	6120 kg
Fluggewicht	11 400 kg
Höchstgeschwindigkeit	227 km/h
Besatzung	4

Do 14 – die Besonderheit bestand in der zu entwickelnden Triebwerks- und Kühlanlage: Fernantrieb und Oberflächenkühlung. Das Triebwerk wurde, um den Luftwiderstand herabzusetzen, im Boot untergebracht. Zwei BMW VI-Motoren waren kupplungsgegenseitig mit einem innen angeordneten Zweistufen-Schaltgetriebe einge-baut. Vom Getriebe wurde die Motorleistung mit einer senkrecht angeordneten Hohlwelle zum auf der Tragfläche montierten Strebenbock und von dort über ein Winkelgetriebe zur Luftschraube geführt. Die Dornier-Holzluftschraube in Druckanordnung maß 5 m. Auf der Druckseite des Flügels waren aus Leichtmetall mittels elektrischer Punktschweißung hergestellte Oberflächenkühler angeordnet, die sich vollständig dem Flügelprofil anpassten. Das Ganzmetallboot mit Längs- und Querstufe hatte diese Raumaufteilung: Bugraum für Seeausrüstung, Funk- und Navigationsraum, zweisitziger Führerraum, Triebwerkraum (4,8 m lang und ca. 2 m breit), Frachtraum. An den Bootsstummeln schloss man schwimmerartige Ausleger für zusätzlichen Kraftstoff an.
Erstflug am 10. August 1936 nach langwierigen Versuchen.
Im Flugzeugbau hatten inzwischen der Motoreinbau im Flügel und der Verstellpropeller große Fortschritte gemacht – die Do 14 war überholt.

Technische Daten	
Länge	16,3 m
Höhe	4,3 m
Spannweite	18,0 m
Tragfläche	55,0 m²
Triebwerk BMW VI	2 x 750 PS
Rüstgewicht	5170 kg
Fluggewicht	7040 kg
Höchstgeschwindigkeit	356 km/h
Gipfelhöhe	5500 m
Steigzeit auf 4000 m Höhe	13,9 min
Reichweite	1590 km

Baureihen Do 17 E-1, E-2 und E-3; Do 17 V7 war das Musterflugzeug für Do 17 E-2. Das zweihol-mige Tragwerk war blechbeplankt mit Ausnahme eines Teiles der Flächenunterseite. Stumpfe, ver-glaste Bugkanzel, Doppelleitwerk, Fahrwerk und

Spornanlage hydraulisch-mechanisch ganz ein-ziehbar. Als Triebwerk wurde der flüssigkeitsge-kühlte BMW VI, Baureihe 9, ohne Getriebe einge-baut; dreiflügelige VDM-Verstellschrauben mit 3,2 m Durchmesser.

Kraftstoffunterbringung in zwei ungeschützten Flügelbehältern mit je 700 Liter Inhalt. Besatzung: 1 Flugzeugführer, 1 Kommandant, 1 Funker, je mit Fallschirm und Sonderkleidung. Höhenatmeranla-ge: 3 Atmer, 9 Flaschen.

Funkanlage: FuG III aU + Peil GV + Bordtelefon-anlage EiV. Kurssteuerung: Askania. Steuerwerk: Einzelsteuerung mit Rollschuhen. Auspuffanlage: Kurze Auspuffstutzen. Heizung: Do 17 E hatte keine Heizung.

Erstflug am 30. Mai 1936. Im Dornier-Werk Mün-chen wurden 268 Do 17 E-Flugzeuge gebaut; weitere Lizenzbauten bei Henschel in Berlin-Schö-nefeld und beim Hamburger Flugzeugbau. Insge-samt wurden von Dornier und verschiedenen Lizenznehmern etwa 2000 Do 17 gebaut.

Technische Daten

Länge	16,3 m
Höhe	4,3 m
Spannweite	18,0 m
Tragfläche	55,0 m²
Triebwerk	2 x 750 PS
Rüstgewicht	5240 kg
Fluggewicht	7040 kg
Höchstgeschwindigkeit	356 km/h
Gipfelhöhe	5500 m
Steigzeit auf 4000 m Höhe	13,9 min
Reichweite	2250 km

Die Do 17 V8 war das Musterflugzeug für die Fernaufklärerausführung Do 17 F-1, die Do 17 V11 die Mustermaschine für die Baureihe Do 17 F-2. Die Do 17 F entsprach weitgehend der Do 17 E. Als Triebwerk kamen zwei flüssigkeitsgekühlte BMW VI, Baureihe 9, ohne Getriebe zum Einbau. Bildgerät: 1 RB 10/18 + 1 RN 20/30 + 1 RB 50/30 + 1 Handkamera.

Besatzung: 1 Flugzeugführer, 1 Kommandant, 1 Funker, je mit Fallschirm und Sonderkleidung. Höhenatmeranlage: 3 Atmer, 15 Flaschen. Funkanlage: FuG III aU + Peil GV + Ei V + Fu.Bl.1. Kurssteuerung: Askania. Steuerwerk: Einzelsteuerung mit Rollschuhen. Auspuffanlage: Kurze Auspuffstutzen. Do 17 F hatte keine Heizung.

Die Fertigungsstätten der Do 17 F befanden sich im Dornier-Werk München, bei Siebes in Halle und beim Hamburger Flugzeugbau.

Technische Daten

Länge	25,5 m
Höhe	5,8 m
Spannweite	35,0 m
Tragfläche	162,0 m²
Triebwerk Bramo 322J2	4 x 715 PS
Rüstgewicht	11 940 kg
Fluggewicht	18 500 kg
Höchstgeschwindigkeit	315 km/h
Gipfelhöhe	5600 m
Steigzeit auf 5000 m Höhe	30,5 min
Besatzung	7

Do 19 – freitragender Mitteldecker in Ganzmetall-Schalenbauweise. Der zweiholmige, trapezförmige Flügel mit tragender Außenhaut aus Duralplat war in drei Teile zerlegbar, mit Schlitzquerruder und Landeklappen zwischen Querruder und Rumpf versehen. Der Rumpf mit rechteckigem Querschnitt und abgerundeten Kanten bestand aus vier Bauteilen. Die Trennstellen lagen vor dem Führerraum, vor dem Vorderholm und hinter dem Hinterholm. Vier luftgekühlte Bramo 322J2-Motoren wurden in Motorgondeln an der Flügelvorderkante eingebaut; dreiflügelige VDM-Verstellluftschrauben, Kraftstoff in zwei Cottonid-Behältern im Flügel. Einziehfahrwerk nach hinten in die mittleren Motorgondeln. Das Leitwerk war in halber Höhe des Rumpfes angesetzt. Höhenflosse in Ganzmetallbau, verstellbar; Höhenruder Metallgerippe mit Stoffbespannung. Zwei Ganzmetall-Seitenleitwerke, auf der Höhenflosse sitzend; Kielflossen zum Rumpf abgestrebt, Trimmklappen an beiden Seitenrudern, vom Führer aus verstellbar.
Erstflug am 26. Oktober 1936. Im Frühjahr 1937 wurde das Entwicklungsprogramm aufgegeben. Do 19V1 ab 1938 als Transportflugzeug im Einsatz.

Technische Daten	
Länge	40,0 m
Höhe	9,5 m
Spannweite	49,0 m
Tragfläche	450,0 m^2
Triebwerk Dieselmotoren	8 x 1000 PS
Leergewicht	29 500 kg
Fluggewicht	56 000 kg
Höchstgeschwindigkeit	340 km/h

Do 20 – Projekt eines Flugschiffes als Weiterentwicklung der Do X. Die Do 20 sollte im Transozean-Flugverkehr eingesetzt werden. Eine Reichweite über 5000 km und eine Höchstgeschwindigkeit von ca. 340 km/h sollten erreicht werden. Man sah entweder für 12–16 Fluggäste reichlich bemessene Aufenthaltsräume und Schlafkabinen oder Sitzplätze für etwa 60 Passagiere vor.

Die Bootsform wurde in aerodynamischer Hinsicht gegenüber der Do X günstiger gestaltet, die Unterwasserform und die Anordnung der Flossenstummel blieben unverändert. Das abgestrebte Tragwerk besaß den gleichen rechteckigen Grundriss mit abgerundeten Flügelenden, die Spannweite wurde um einen Meter vergrößert. Die zwischenzeitliche Entwicklung stärkerer Triebwerkseinheiten sollte gegenüber Do X den größten Fortschritt bringen: Acht Dieselmotoren mit je ca. 800–1000 PS. Die Motoren lagen vollkommen im Flügel und sollten über ein Getriebe und eine Fernwelle eine Luftschraube großen Durchmessers antreiben. 1936 stellte Dornier das Do 20-Modell auf der »Internationalen Luftfahrtausstellung in Stockholm« (ILIS) aus. Zu einem Entwicklungsauftrag der Deutschen Lufthansa kam es nicht.

Technische Daten

Länge	16,6 m
Höhe	4,5 m
Spannweite	18,0 m
Tragfläche	55,0 m^2
Triebwerk	
Gnôme-Rhône 14 K	2 x 870 PS
Rüstgewicht	5210 kg
Fluggewicht	7000 kg
Höchstgeschwindigkeit	420 km/h
Gipfelhöhe	9000 m
Steigzeit auf 5000 m Höhe	12 min
Reichweite	1780 km

Do 17 K war die Exportversion für Jugoslawien. 36 Flugzeuge wurden ausgeliefert. Die ersten 20 Flugzeuge mit der Bezeichnung Ka 1 wurden ebenso wie 14 weitere, Ka 2 genannte, auf der Basis Do 17 E gebaut (Tragwerkunterseite z.T. Stoffbespannung, Fahrwerk und Spornanlage hydraulisch-mechanisch einziehbar). Die letzten beiden, als Kb bezeichnet, beruhten auf der Ausführung Do 17 M (Tragwerk mit vollständiger Duralplatbeplankung, Fahrwerk elektromechanisch einziehbar). Der Rumpfbug wurde verlängert und mit einer neuen Kanzel versehen. Do 17 K erhielt Gnôme-Rhône 14 K-Motoren und VDM-Verstellschrauben mit 3,3 m Durchmesser.
Besatzung: 3 Mann mit Fallschirm.
Höhenatmeranlage: 9 Stück 2-Liter-Dräger-Sauerstoff-Flaschen.
Funkanlage: FuG III Telefunken 274 af + P 63 uN.
Steuerwerk: Einzelsteuerung, Rollschuhe.
Auspuffanlage: Sammelring.
Erstflug am 6. Oktober 1937. Am 25. Oktober 1937 überführte Dornier-Chefpilot Egon Fath die erste Do 17 Ka 1 von Friedrichshafen nach Belgrad. Im Staatlichen Flugzeugwerk in Kraljewo/Jugoslawien wurden etwa 40 Flugzeuge in Lizenz gefertigt.

Technische Daten	
Länge	16,0 m
Höhe	4,6 m
Spannweite	18,0 m
Tragfläche	55,0 m^2
Triebwerk Bramo 323 A	2 x 900 PS
Rüstgewicht	5610 kg
Fluggewicht	8185 kg
Höchstgeschwindigkeit	415 km/h
Gipfelhöhe	6700 m
Steigzeit auf 5000 m Höhe	19 min
Reichweite	1375 km

Do 17 MV1, MV2 und MV3 waren die ersten Flugzeuge der Baureihe M. Die Do 17 MV1 mit eigens dafür eingebauten DB 601-Motoren gewann 1937 den Alpenrundflug für Militär-Mehrsitzer beim Internationalen Flugmeeting in Zürich. Die Do 17 MV2 mit Bramo 323-Motoren wurde zur Erprobung der Kurssteuerung K 4 ü verwendet.

Erst die Do 17 MV3 mit Bramo 323 D-Triebwerk war das Muster für die Baureihe M. Die Serienflugzeuge Da 17 M mit dem Bramo 323 A brachten ein höheres Fluggewicht und verbesserte Flugleistungen in größeren Höhen. Das Tragwerk erhielt vollständige Duralplatbeplankung, das Fahrwerk war elektromechanisch oder von Hand einzieh- und ausfahrbar, die Laufräder hydraulisch bremsbar. Kraftstoffunterbringung in zwei geschützten Flügelbehältern und ein Rumpfbehälter mit insgesamt 1910 Liter Inhalt, VDM-Verstellschrauben mit 3,6 m Durchmesser.
Besatzung: 1 Flugzeugführer, 1 Kommandant, 1 Funker.
Höhenatmeranlage: 3 Atmer, 15 Flaschen.
Funkanlage: FuG III aU + Peil GV + Ei V + Fu.Bl.1.
Kurssteuerung: Siemens.
Steuerwerk: Einzelsteuerung, nach rechts schwenkbare Steuersäule, Pedale.
Auspuffanlage: Sammelring.
Heizung: Rumpf und Flügelnase.
Erstflug am 7. April 1937; 200 Serienflugzeuge im Dornier-Werk München gefertigt.

Technische Daten

Länge	16,0 m
Höhe	4,5 m
Spannweite	18,0 m
Tragfläche	55,0 m²
Triebwerk DB 601 A	2 x 1175 PS
Rüstgewicht	5640 kg
Fluggewicht	7900 kg
Höchstgeschwindigkeit	532 km/h
Gipfelhöhe	9000 m
Steigzeit auf 8000 m Höhe	16,5 min
Reichweite	2250 km

Die vier Flugzeuge Do 17 R1 bis R4 wurden für die Lichtbildsonderstaffel Rowehl (Fliegerstaffel Staaken) gebaut. Aus der Serie Do 17 M kamen die Großbauteile. Als Triebwerk fand der DB 601 A Verwendung, dreiflügelige VDM-Verstellschrauben mit 3,4 m Durchmesser, Kraftstoffzusatztanks im Rumpf.
Bildgerät: 2 Rb 20/30 + 1 Rb 50/30.
Besatzung: 1 Flugzeugführer, l Kommandant, 1 Funker mit Sonderkleidung, 4. Mann war möglich.
Höhenatmeranlage: 4 Atmer, 15 Flaschen.
Funkanlage: FuG III aU + Peil GV + Ei V + Fu.Bl.1.
Kurssteuerung: Siemens.
Steuerwerk: Einzelsteuerung, nach rechts schwenkbare Steuersäule, Pedale.
Auspuffanlage: Kurze Auspuffstutzen.
Heizung: Rumpf und Flügelnase.
Für die Sonderstaffel Rowehl wurden drei weitere Lichtbildflugzeuge geliefert: Do 17 S1 bis S3. Großbauteile aus Serie Do 17 Z entnommen, zwei DB 601 A-Motoren mit je 1100 PS, vier Mann Besatzung, zwei Reihenbildgeräte 50/30 und ein Rb 20/ 30, ohne Bewaffnung.

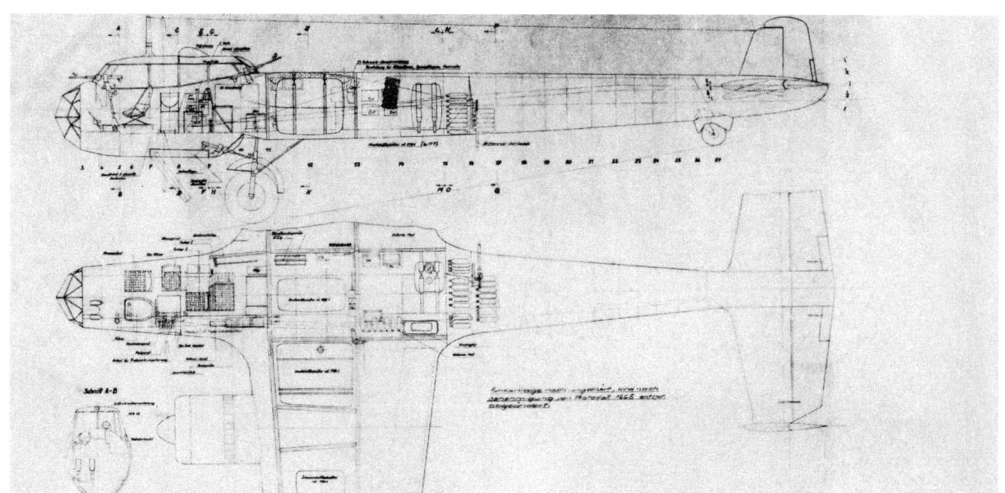

Technische Daten

Länge	15,8 m
Höhe	4,6 m
Spannweite	18,0 m
Tragfläche	55,0 m²
Triebwerk Bramo 323 A	2 x 900 PS
Rüstgewicht	5775 kg
Fluggewicht	8505 kg
Höchstgeschwindigkeit	417 km/h
Gipfelhöhe	6000 m
Steigzeit auf 4000 m Höhe	18 min
Reichweite	2945 km

Do 17 U mit vergrößertem Bug, sechs Mann Besatzung, Sitz und Kartentisch für Geschwaderführer, zusätzlichen Funk- und Navigationsgeräten. Das Triebwerk bestand aus zwei Bramo 323A, die dreiflügeligen VDM-Verstellschrauben hatten einen Durchmesser von 3,6 m. Zu den zwei geschützten Flügelbehältern wurden im Rumpf zwei weitere Kraftstoffbehälter eingebaut, insgesamt 2660 Liter Inhalt.

Besatzung: 6 Mann mit Fallschirm und Sonderkleidung.

Höhenatmeranlage: 6 Atmer, 30 Flaschen.

Funkanlage: 1 1/2 FuG X + Peil GV + Fu.Bl.1.

Kurssteuerung: Siemens Typ K 4 ü/3.

Steuerwerk: Einzelsteuerung, Pedale.

Auspuffanlage: Sammelring.

Heizung: Rumpf und Flügelnase.

Es wurden 15 Do U-Flugzeuge gebaut.

Technische Daten

Länge	19,2 m
Höhe	5,4 m
Spannweite	23,7 m
Tragfläche	98,0 m²
Triebwerk Jumo 205C	2 x 600 PS
Rüstgewicht	6680 kg
Fluggewicht – Wasserstart	8500 kg
Fluggewicht – Katapultstart	10 000 kg
Höchstgeschwindigkeit	256 km/h
Gipfelhöhe (mit 8500 kg)	4350 m
Besatzung	4

Do 18 D – Militärversion der Do 18-Baureihe, im Aufbau der Do 18 E entsprechend. Als Triebwerk kamen zwei Jumo 205C-Motoren mit Oberantrieb, Baureihe 3, zum Einbau. Der hintere Motor war mit einer Wellenverlängerung ausgerüstet. Die dreiflügeligen VDM-Verstellschrauben maßen 3,3 m bzw. 3,2 m Durchmesser. Die Do 18 D wies u.a. einen Führerraum mit Einzelsteuerung, Funk- und Navigationsraum, eine Kraftstoff-Umpumpanlage, Kraftstoffbehälter mit Schnellablass sowie einen Frachtraum auf.
Dornier lieferte 39 Serienflugzeuge aus, während Weserflug 40 Do 18 D-3 in Lizenz fertigte.

Technische Daten

Länge	19,3 m
Höhe	5,4 m
Spannweite	26,3 m
Tragfläche	111,2 m²
Triebwerk Jumo 205C	2 x 600 PS
Rüstgewicht	6500 kg
Fluggewicht – Wasserstart	9000 kg
Fluggewicht – Katapultstart	11 000 kg
Höchstgeschwindigkeit	250 km/h
Gipfelhöhe (mit 9000 kg)	4200 m
Besatzung	4–5

Do 18 F – gegenüber der Do 18 E wurde das Tragwerk versuchsweise von 98 auf 111,2 m² vergrößert, um das Fluggewicht erhöhen zu können. Bei Wasserstart erreichte man eine Steigerung von 8500 auf 9000 kg, bei Katapultstart von 10 000 auf 11 000 kg. Der Flügel entsprach im Aufbau der Do 18 E, jedoch wurden die vom Tragwerk zum Stummel führenden Stielpaare durch zusätzliche Streben gegen das Tragwerk abgefangen. Die übrigen Bauteile blieben gleich. Ergänzende Detailangaben für Do 18 E und Do 18 F: Die Kraftstoffanlage bestand aus vier Einzelbehältern zu je 530 Liter (mit Schnellablass) im Boot und vier Zusatzbehältern mit insgesamt 1800 Liter in den Stummeln. Unterbringung des Schmierstoffs in zwei Behältern im Flügel. Die beiden Wasserkühler waren übereinander vor dem Aufstiegschacht zwischen Boot und Tragwerk angeordnet. Führerraum mit Doppelsteuerung, die beiden oberen Fenster als Einstieg aufklappbar ausgeführt. Als Funkausrüstung kamen bei der Do 18 F eine 150-W-Station sowie eine Kurzwellen- und Zielfluganlage zum Einbau.
Erstflug am 11. Juni 1937; eine Maschine von der Deutschen Lufthansa im regelmäßigen Südatlantik-Postflugverkehr eingesetzt.

Technische Daten

Länge	16,3 m
Höhe	4,6 m
Spannweite	18,0 m
Tragfläche	55,0 m²
Triebwerk BMW 132 N	2 x 865 PS
Rüstgewicht	5540 kg
Fluggewicht	7625 kg
Höchstgeschwindigkeit	410 km/h
Gipfelhöhe	6400 m
Steigzeit auf 5000 m Höhe	14,5 min
Reichweite	1825 km

Die Do 17 P war das Nachfolgemuster der Do 17 F. Die Zelle entsprach der Do 17 M-Ausführung, die Zweckausrüstung der Do 17 F. Als Triebwerk kamen zwei BMW 132 N mit je 865 PS zum Einbau, die dreiflügeligen VDM-Verstellschrauben hatten 3,7 m Durchmesser. Zu den zwei geschützten Kraftstoffbehältern im Flügel kamen zusätzlich zwei geschützte Rumpfbehälter, insgesamt 2120 Liter.

Bildgerät: 1 Rb 10/18 + 1 Rb 20/30 + 1 Rb 50/30 + 1 Handkamera.

Besatzung: 1 Flugzeugführer, 1 Kommandant, 1 Funker.

Höhenatmeranlage: 3 Atmer, 18 Flaschen.

Funkanlage: FuG 111 aU + Peil GV + Ei V + Fu.Bl.1.

Kurssteuerung: Askania.

Steuerwerk: Einzelsteuerung, Rollschuhe.

Auspuffanlage: Sammelring.

Heizung: Rumpf und Flügelnase.

Erstflug am 18. Juni 1938. Insgesamt 330 Flugzeuge Do 17 P wurden gefertigt: acht bei Dornier, in Lizenz bei Siebel 73, bei Henschel 100 und beim Hamburger Flugzeugbau 149 Stück.

Technische Daten	
Do 17 Z5	
Länge	15,8 m
Höhe	4,6 m
Spannweite	18,0 m
Tragfläche	55,0 m^2
Triebwerk Bramo 323 P	2 x 1010 PS
Rüstgewicht	6320 kg
Fluggewicht	8840 kg
Höchstgeschwindigkeit	421 km/h
Gipfelhöhe	6900 m
Steigzeit auf 5000 m Höhe	18,5 min
Reichweite	2540 km

Die Do 17 Z-Baureihe war für verschiedene Einsatzzwecke ausgelegt. Im Aufbau entsprach die Do 17 Z weitgehend der Do 17 M. In der äußeren Form unterschied sie sich durch ein neues Rumpfvorderteil mit Vollsichtkanzel. Do 17 Z1 war mit Bramo 323A-Triebwerken ausgerüstet, alle anderen Versionen mit Bramo 323P; VDM-Verstellschrauben mit 3,6 m Durchmesser.

Bildgeräte: 1 Rb 50/30, 1 Rb 20/30, 1 Handkamera (Z 3 und Z 5).

Besatzung: Z1–Z6 + Z9 vier Mann, Z7 + Z10 drei Mann.

Seenotausrüstung: Z3 + Z6 Schlauchboot, Z5 Schlauchboot, Auftriebskörper, Notsendegerät, Drachenantenne.

Funkanlage: FuG X + FuG 25 + Peil GV + Fu.Bl,1.

Kurssteuerung: Siemens K 4 ü.

Steuerwerk: Einzelsteuerung, Pedale; Z4 Doppelsteuerung.

Erstflug am 1. März 1938. Im Dornier-Werk München 420 Maschinen gebaut; Lizenzbau bei Siebel in Halle 99 Stück, bei Henschel in Berlin-Schönefeld 320 Flugzeuge und 74 beim Hamburger Flugzeugbau.

Technische Daten

Do 24 K

Länge	22,0 m
Höhe	5,8 m
Spannweite	27,0 m
Tragfläche	108,0 m²
Triebwerk Wright Cyclone	3 x 890 PS
Rüstgewicht	9200 kg
Fluggewicht	12400 kg
Höchstgeschwindigkeit	300 km/h
Gipfelhöhe	5100 m
Steigzeit auf 3000 m Höhe	10,5 min
Besatzung	6

Do 24-Flugboot in Ganzmetallbauweise, Der aerodynamisch sorgfältig durchgebildete, mit Duralplat beplankte Bootsrumpf trug zu beiden Seiten die typischen Dornier-Flossenstummel. Über dem Boot befand sich, durch ein einfaches Strebengestell verbunden, der Tragflügel, an dessen Vorderkante die drei windschnittig verkleide-ten Motoren saßen. Do 24 V1 und V2 mit Jumo 205C je 600 PS, Do 24 K mit Wright Cyclone je 890 PS. Der Flügel bestand aus einem rechteckigen Mittelteil mit den Motorgondeln und den beiden trapez- und pfeilförmig gestalteten Seitenteilen. Unter dem Flügelmittelteil durchlaufende Spreizklappe angeordnet, Flügelhälften trugen Schlitzquerruder, als Landehilfe einsetzbar. Unmittelbar auf dem Bootsende saß die Höhenflosse mit einteiligem Höhenruder, das zweiteilige Seitenleitwerk war in Form von Endscheiben an den äußeren Enden der Höhenflosse angeordnet. Sie wies u.a. einen Führerraum mit Doppelsteuerung, einen Funk-/Navigationsraum, Aufenthalts- und Schlafräume auf. Kraftstoffunterbringung im Flügel und in den Flossenstummeln.

Die Do 24 V1 und V2 wurden als Prototypen gebaut, Erstflug der V1 am 10. Januar 1938. Erstflug der für Holland bestimmten Do 24 K am 3. Juli 1937; hervorragende Ergebnisse bei der Hochseeprüfung in der Nordsee im September 1937. An die holländische Marine 30 Do 24 K ausgeliefert, sieben weitere in Lizenz bei Aviolanda und De Scheude gefertigt. Sämtliche kamen zum Einsatz nach Niederländisch-Indien.

Technische Daten

Länge	24,6 m
Höhe	6,9 m
Spannweite	30,0 m
Tragfläche	120,0 m²
Triebwerk Jumo 205 E	4 x 600 PS
Höchstgeschwindigkeit	335 km/h
Rüstgewicht	11 240 kg
Fluggewicht – Wasserstart	15 000 kg
Fluggewicht – Katapultstart	19 000 kg
Gipfelhöhe	6000 m
Besatzung	4
Post/Fracht oder Passagiere	2–4

Do 26 – freitragender Schulterdecker in Ganzmetallbauweise, entwickelt für den direkten Nord- und Südatlantik-Postverkehr der Deutschen Lufthansa. Da für das Flugboot Katapultstart und Landung in bewegter See nur in Notfällen vorgesehen war, wurden die für die Dornier-Flugboote charakteristischen Flossenstummel durch Stütz-

schwimmer ersetzt, die während des Fluges in das Innere des Flügels eingezogen wurden. Diese außerordentlich günstige aerodynamische Gestaltung kam der Geschwindigkeit und Reichweite zugute.

Der dreiteilige Flügel bestand aus dem rechteckigen, stark V-förmig gestalteten Mittelstück, das die beiden Motorgondeln für vier Triebwerke in Tandem-Anordnung trug, und zwei trapezförmigen Außenteilen; Beplankung aus Duralblech. Querruder und Landeklappen hinter der Flügelkante angeordnet. Als Triebwerk verwendete man die 600 PS-Junkers-Rohölflugmotoren 205E mit Untersetzungsgetriebe. Die vorderen Luftschrauben wurden direkt, die hinteren über Fernwellen angetrieben. Die hinteren Motoren einschließlich der Fernwellen konnten bis zu 10° nach oben geschwenkt werden, um die Luftschrauben vor Spritzwasser zu schützen. Das mehrfach abgeschottete, zweistufige Boot war eingeteilt in einen Bugraum für Seeausrüstung, Post- und Frachtraum, Cockpit, Funk- und Navigationsraum, Tankraum, zweiten Postraum, Ruheraum für die Besatzung, Anrichte, Waschraum.
Erstflug am 21. Mai 1938.

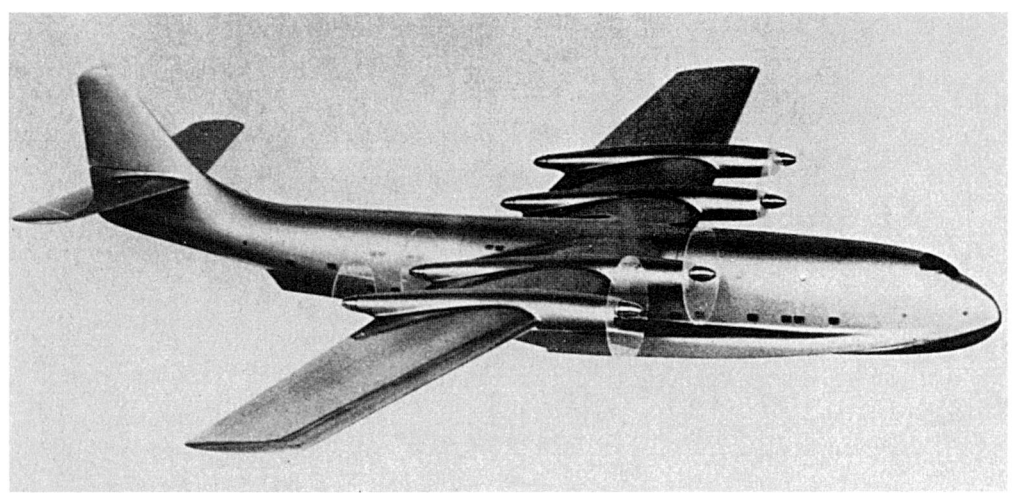

Technische Daten

Länge	51,6 m
Höhe	14,3 m
Spannweite	60,0 m
Tragfläche	500,0 m²
Triebwerk DB 613 C	8 x 4000 PS
Höchstgeschwindigkeit	490 km/h
Rüstgewicht	85 000 kg
Fluggewicht	145 000 kg
Besatzung	12
Fluggäste	40

Do 214 – Entwicklung für die Deutsche Lufthansa und das RLM. Sommer 1939 Beginn der Konstruktionsarbeiten und des Attrappenbaues. Später wurde auf Weisung des RLM die Zivilversion auf militärischen Einsatz umgeplant: Truppentransporter in verschiedenen Variationen, Sanitätsflugzeug, Lastentransporter, Kraftstofftransporter, Minenleger, U-Boot-Versorger. Das zweistufige, mehrfach abgeschottete Boot in Schalenbauweise wurde in Ober- und Unterdeck unterteilt; im Bootsboden befand sich der Kraftstoff. Die neuartigen Wülste am Boot, durch das Flugmodell Gö 8 gründlich erprobt, waren als selbstständige Bauteile am Boot befestigt. Bei einigen militärischen Varianten sah man das Rumpfvorderteil seitlich wegklappbar vor, um das Beladen des Unterdecks z.B. mit Lastkraftwagen zu ermöglichen. Bei der DLH-Version waren im Oberdeck die Besatzungsräume, im Unterdeck die komfortablen Kabinen und Aufenthaltsräume für 40 Fluggäste vorgesehen. Das freitragende Tragwerk mit trapezförmigem Grundriss bestand aus dem mit dem Boot fest verbundenen Mittelstück und zwei Flügelenden. Zunächst sah man 8 DB 606- bzw. Jumo 218-Triebwerke vor, bei den späteren Projekten ging man auf DB 613 A, B und C über. Die Triebwerke waren in vier Tandemgondeln im Flügel eingebaut, wobei die hinteren Motoren für Start und Landung nach oben schwenkbar waren.

Die Arbeiten an der Do 214 wurden 1942, bedingt durch die Kriegslage, eingestellt.

Technische Daten

Länge	13,1 m
Höhe	4,8 m
Spannweite	16,2 m
Tragfläche	45,0 m²
Triebwerk	
Hispano-Suiza 12Y21	1 x 880 PS
Länge der Schwimmer	9,0 m
Rüstgewicht	3100 kg
Fluggewicht	4000 kg
Höchstgeschwindigkeit	320 km/h
Reichweite mit	
300 kg Bomben	680 km
Reichweite als	
Fernaufklärer	950 km
Gipfelhöhe	8200 m

Do 22 See – abgestrebter Hochdecker. Das zwei-holmige Tragwerk mit Stoffbespannung wurde aus zwei Flügelhälften gebildet, an dem über dem Rumpf befindlichen Baldachin angelenkt und durch je zwei Streben hinter dem Schwimmerge-stell abgefangen; Flügel mit abgerundeten Enden, pfeilförmig und leicht V-förmig bei paralleler Vor-der- und Hinterkante; Querruder mit Landeklap-pen-Betätigung. Am Rumpfgerüst aus geschweiß-tem Stahlrohr wurden Duraluminium-Spanten und Längsprofile als Träger der Stoffbespannung bzw. Metallbeplankung befestigt. Mit glatten Ble-chen belegt waren Motorverkleidung, Tankraum, Einstiegsöffnungen für die Besatzung. Führer, Beobachter und Schütze saßen hintereinander. Ein Stahlrohrstrebengerüst verband den Rumpf mit zwei mehrfach abgeschotteten Schwimmern. Ein Hispano-Suiza 12Y21-Motor war im Rumpf-bug untergebracht, die dreiflügelige VDM-Ein-stellschraube hatte 3,4 m Durchmesser. Kraft-stoffunterbringung mit Schnellablass im abge-schotteten Raum vor dem Führer, Zusatzbehälter in den Schwimmern und in den Flügelhälften möglich. Die Höhenflosse war durch die Seiten-flosse durchgeführt, zum Rumpf mithilfe zweier Stahlrohrstreben abgestützt und zur Seitenflosse durch Drähte abgefangen. Höhenflosse im Flug verstellbar, oberhalb der Höhenflosse ein Hilfsflü-gel als Ausgleich für das Höhenruder angeordnet. Erstflug am 15. Juli 1938.

Technische Daten

Länge	18,1 m
Höhe	4,8 m
Spannweite	19,0 m
Tragfläche	57,0 m²
Triebwerk Jumo 211B	2 x 1220 PS
Rüstgewicht	7500 kg
Fluggewicht	10 500 kg
Höchstgeschwindigkeit	460 km/h
Gipfelhöhe	7900 m
Steigzeit auf 5000 m Höhe	18 min

Der Do 17 folgte die Do 217 in verschiedenen Ausführungen mit einer gebauten Stückzahl von etwa 1700 Flugzeugen. Diese Weiterentwicklung unterschied sich durch: stärkere Motoren, Erhöhung des Fluggewichts, neue Detailkonstruktion, automatische Sturzflugsicherung mit verschiedenen Sturzflugbremsen, vergrößerte Tragflügelfläche (55–73 m²), größerer Rumpf, verstärktes Fahrwerk, Heißluftenteisung, Ersatz der Hydraulik durch elektrischen Antrieb, Trimmklappen an den Seitenrudern zum Austrimmen für den Einmotorenflug. Anstelle von vier Großbauteilen bei der Do 17 gliederte sich das Nachfolgemuster Do 217 in insgesamt sieben Hauptteile: das Rumpfvorderteil, das kombinierte Rumpf- und Flügelmittelstück, die beiden Außenflügel, das Rumpfmittelstück und das Rumpfende.

Erstflug der Do 217 V1 am 4. Oktober 1938. Die Do 217 V1 bis V9 wurden mit verschiedenen Triebwerken ausgerüstet: DB 601 A, Jumo 211, BMW 139 und BMW 801. Umfangreiches Erprobungsprogramm mit verschiedenen Sturzflugbremsen durchgeführt, bei V7 und V8 wurden diese jedoch durch einen Hecksteiß ersetzt. Die Do 217 V9 bildete das Musterflugzeug für die Do 217 E-Serie.

Technische Daten

Länge	19,4 m
Höhe	5,8 m
Spannweite	23,9 m
Tragfläche	98,7 m²
Triebwerk BMW 132M	2 x 960 PS
Rüstgewicht (Militärversion)	6560 kg
Fluggewicht – Wasserstart	9500 kg
Fluggewicht – Katapultstart	10 000 kg
Höchstgeschwindigkeit	260 km/h
Besatzung	4

Do 18 L – beim Umbau einer Do 18 E auf eine Versuchsausführung mit luftgekühlten Motoren war das Problem einer einwandfreien Luftkühlung für Triebwerke in Tandem-Anordnung zu lösen. Man wählte den 9-Zylinder-Sternmotor BMW 132M. Die Kühlluft für den vorderen Motor trat an der Ringöffnung ein, durchströmte den Zylinderstern und trat an je einer regelbaren Öffnung beiderseits der Motorgondel wieder aus. Die Kühlluft für den hinteren Motor trat an einer Stauöffnung an der Gondeloberseite, etwas hinter dem Motor, ein, strömte dann, von einem Hilfsgebläse unterstützt, entgegen der Flugrichtung durch den Zylinderstern und trat ebenfalls an je einer regelbaren Öffnung beiderseits der Gondel wieder aus. Es wurden dreiflügelige VDM-Verstellschrauben mit 3,4 m bzw. 3,5 m Durchmesser verwendet. Als weitere Änderungen beim Umbau sind zu nennen: spitzer Bug und verbreiterte Stummel. Erstflug am 21. November 1939.

Technische Daten

Länge	12,9 m
Höhe	4,6 m
Spannweite	16,2 m
Tragfläche	45,0 m²
Triebwerk	
Hispano-Suiza 12Y21	1 x 880 PS
Rüstgewicht	2780 kg
Fluggewicht	3600–4000 kg
Höchstgeschwindigkeit	320 km/h
Gipfelhöhe	8200 m

Do 22 Land – bei der Konstruktion der Do 22 war neben vielseitigen Einsatzmöglichkeiten auch der Umbau von der Schwimmerversion auf eine Landmaschine oder umgekehrt in kurzer Zeit ermöglicht worden. Die Geschwindigkeit blieb bei beiden Ausführungen gleich, die Steigzeiten mit Schwimmern lagen geringfügig darüber. Kraftstoff-Zusatzbehälter bei der Landversion unter dem Führersitz. Bei der Do 22 betätigte der Flugzeugführer das vordere, durch den Propellerkreis schießende MG. Der Beobachter bediente Kamera, Funkgerät und bei Bedarf die Hilfssteuerung oder aber Zielgerät und Abwurfvorrichtung. Für den Schützen waren zwei bewegliche MG im Rumpfdeck und Boden vorgesehen. Je nach Einsatzzweck als schwerer Bomber (2 x 250 kg Bomben), leichter Bomber (4 x 50 kg Bomben) oder als Aufklärer (mit Reihenbildkamera) umzurüsten. Erstflug Do 22 Land am 10. März 1939. Insgesamt 29 Do 22-Flugzeuge, größtenteils mit auswechselbarem Landfahrwerk, wurden gebaut; je zwölf Maschinen an Jugoslawien und Griechenland und vier an Finnland geliefert.

Technische Daten

Länge	15,8 m
Höhe	4,6 m
Spannweite	18,0 m
Tragfläche	55,0 m²
Triebwerk DB 601 A	2 x 1100 PS
Rüstgewicht	6800 kg
Fluggewicht	8800–9500 kg
Höchstgeschwindigkeit	485 km/h
Gipfelhöhe	8200 m
Steigzeit auf 5000 m Höhe	13 min
Reichweite	2450 km

Do 215 – ursprünglich als Exportausführung der Do 17 Z geplant, die sich neben einer anderen Ausrüstung hauptsächlich durch den Einbau des leistungsstärkeren Triebwerks DB 601 A mit 2 x 1100 PS unterschied; Do 215 B 6 erhielt DB 601 A mit Abgasturbine. Schweden bestellte 18 Do 215 A, der Kriegsausbruch verhinderte die Ablie-ferung. Diese Flugzeuge wurden für die deutsche Luftwaffe umgerüstet und als Do 215 B ausgeliefert. Baureihen Do 215 B 1–B 4 Fernerkunder mit unterschiedlichen Ausrüstungen; Do 215 B 5 jedoch als Nachtjäger-Version »Kauz III«. Aufgrund vertraglicher Abmachungen wurden zwei Flugzeuge an die UdSSR geliefert, mit Do 215 B 3 bezeichnet.

Abwurfwaffen/Bildgeräte: In unterschiedlichen Ausführungen.

Elektrische Ausrüstung: Nachtjäger B 5 mit Spanner-Anlage, Blink-Anlage, U-Kennung.

Funkanlage: FuG X + FuG 25 + Peil GV + Fu B1.1 + Telefonier-Zusatzgerät.

Navigationsanlage: Patin.

Kurssteuerung: SAM K 4ü.

Steuerwerk: Einzelsteuerung, Pedale.

Heizung/Enteisung: Rumpfheizung und Flügelnasenenteisung.

Besatzung: 4 Mann, Nachtjäger B 5 mit 3 Mann. Erstflug am 5. Dezember 1939. Im Dornier-Werk München wurden 105 Flugzeuge gefertigt.

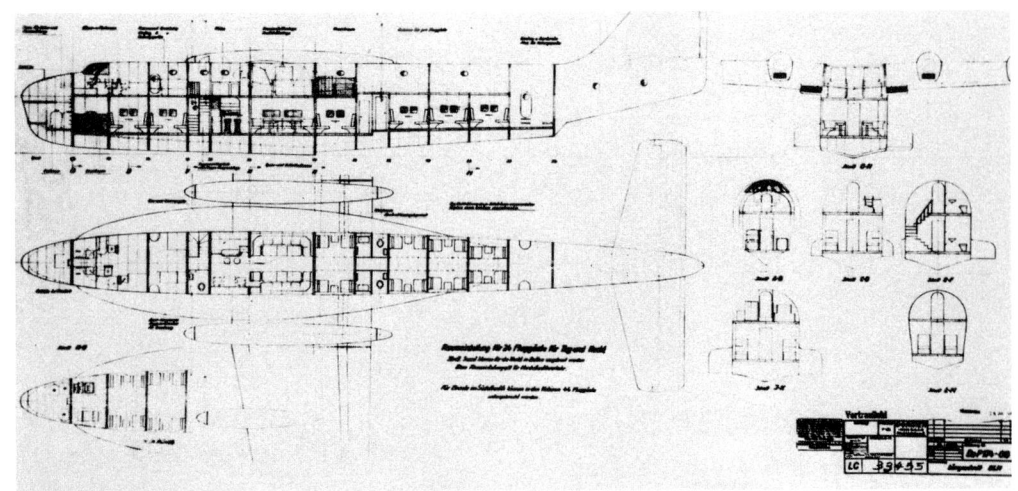

Technische Daten

DLH-Version

Länge	42,0 m
Höhe	11,7 m
Spannweite	48,0 m
Tragfläche	310,0 m²
Triebwerk DB 603 C	6 x 1750 PS
Jumo 223	6 x 2200 PS
Rüstgewicht	41 455 kg
Fluggewicht	75 000 kg
Höchstgeschwindigkeit	446 km/h
Besatzung	6
Fluggäste (Nordatlantik)	24
Fluggäste (Südatlantik)	44

Do 216 – Projekt eines Flugbootes mittlerer Größe für Nord- und Südatlantik-Passagierdienst oder als Fernaufklärer.
Do 216, ein freitragender Hochdecker, mit Wülsten am Boot zur Stabilisierung und Flügelend-

schwimmern am Tragwerkende. Das zweistufige Boot in Schalenbauweise war durch einen Zwischenboden in Ober- und Unterdeck unterteilt. Im Oberdeck brachte man den Führer- und Funkraum, Ruheraum für die Besatzung, Küche, Frachträume und einen Teil des Kraftstoffs unter; im Unterdeck mehrere Kabinen für 24 Fluggäste (im Nordatlantikverkehr vorgesehen), Speise- und Aufenthaltsräume, Post- und Frachtraum. Im Bootsboden und in den Wülsten befand sich weiterer Kraftstoff (insgesamt 36 500 Liter). Im Südatlantikdienst sollten 44 Fluggäste befördert werden. Das Tragwerk war dreiteilig. Das rechteckige Mittelteil, fest mit dem Boot verbunden, führte bis über die beiden inneren Tandemgondeln hinaus, Tragwerk- und Leitwerkenteisung durch Kärcher-Öfen, Luftschraubenenteisung mittels Enteisungsflüssigkeit. Für die Triebwerksanlage sah man 6 DB 603 C oder Jumo 223 vor, je zwei in Tandemanordnung im Flügelmittelteil und je ein Motor im Flügelaußenteil; vierflügelige VDM- oder Junkers-Gleichdrehzahlschrauben.

Technische Daten

Länge	19,4 m
Höhe	5,4 m
Spannweite	23,7 m
Tragfläche	98,0 m²
Triebwerk Jumo 205C	2 x 600 PS
Rüstgewicht	7050 kg
Fluggewicht – Wasserstart	8500 kg
Fluggewicht – Katapultstart	10 600 kg
Höchstgeschwindigkeit	250 km/h
Gipfelhöhe (mit 8500 kg)	4350 m
Besatzung	4–5

Do 18 G – gegenüber dem vorangegangenen Baumuster Do 18 D wurden diese Änderungen vorgenommen: spitzer Bootsbug und um ca. 30 cm verbreiterte Bootsstummel. Als Triebwerk verwendete man den Jumo 205C der Baureihe 4, hinterer Motor ebenfalls mit Wellenverlängerung. Die Bewaffnung entsprach der Do 18 D.
Weserflug fertigte 62 Do 18 G-Serienflugzeuge in Lizenz. Aus der Do 18 G-Serie wurden einige Flugboote für den Seenotrettungsdienst als inoffizielle Do 18 N umgebaut. Durch Ausbau eines Kraftstoffbehälters wurde im Boot Raum für fünf Gerettete geschaffen. Die Rettung erfolgte über den Bootsstummel und durch eine Ladeluke in der Bootsseite. Für die Navigations- und Blindflugschulung wurden durch Dornier zwei und durch Weserflug 20 Flugboote mit entsprechender Instrumentierung und Doppelsteuerung, rechts auskuppelbar, als Do 18 H gebaut.

1940 Aufklärungs- und Transport-Flugboot Do 26 C

Technische Daten

Jumo 205D-Motoren

Länge	24,6 m
Höhe	6,9 m
Spannweite	30,0 m
Tragfläche 1	120,0 m^2
Triebwerk Jumo 205D	4 x 880 PS
Rüstgewicht	13 050 kg
Fluggewicht – Wasserstart	20 000 kg
Fluggewicht – Katapultstart	21 000 kg
Höchstgeschwindigkeit	345 km/h
Gipfelhöhe	6500 m
Besatzung	7

Do 26 C – die Do 26 V1 und V2 der Deutschen Lufthansa mussten infolge der Kriegsereignisse in eine militärische Version umgerüstet werden. Die in Erprobung stehende V3 und die im Bau befindlichen Mustermaschinen V4–V6 wurden als Militärausführung fertiggestellt und unter der Bezeichnung Do 26 C abgeliefert. Bei diesen vier Maschinen wurde auf die stärkeren Triebwerke Junkers-Rohölflugmotoren 205 Ea mit 700 PS bzw. Jumo 205 D mit 880 PS umgestellt. Querruder, Höhen- und Seitenflosse hatten Gummienteisung, die Flügelnase Warmluftenteisung und die verstellbaren VDM-Metallschrauben Flüssigkeitsenteisung. Erstflug am 25. Januar 1940 der Do 26 V4, als Do 26 C ausgeliefert. Die Do 26-Flugboote mit ihrer großen Reichweite wurden zunächst als Fernerkunder eingesetzt, z.B. ein 19-Stunden-Flug bis zum 67. Breitengrad auf der Strecke Bergen–Shetlands–Island. Einsatz als Transportflugzeug in Norwegen. Drei Flugboote unternahmen von Brest aus Atlantik-Aufklärungsflüge. Eines der Flugboote evakuierte in zwei Flügen eine deutsche Wetterstation mit 17 Mann auf Ost-Grönland nach Norwegen.

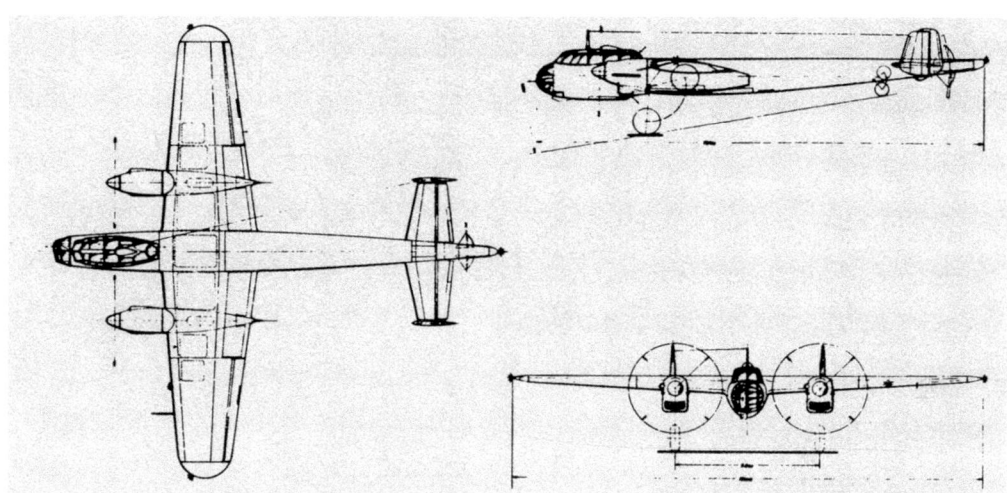

Technische Daten

Do 217 A

Länge	18,1 m
Höhe	4,8 m
Spannweite	19,0 m
Tragfläche	57,0 m²
Triebwerk Jumo 211B	2 x 1220 PS
Rüstgewicht	8000 kg
Fluggewicht	10 845 kg
Höchstgeschwindigkeit	475 km/h
Gipfelhöhe	7600 m
Reichweite	1500 km

Im Jahre 1940 wurden sechs Lichtbildflugzeuge Do 217A (Null-Serie) mit zwei DB 601 R von je 1410 PS ausgeliefert. Die Ausrüstung bestand aus zwei Reihenbildgeräten RB 50/30/30 und ein RB 20/30/30; drei Mann Besatzung. Zwei Flugzeuge wurden 1942 für Kurierzwecke umgerüstet und an die Versuchsstelle für Höhenflüge Oranienburg übergeben. Die Baureihe Do 217 C (Null-Serie) bestand aus neun gebauten Flugzeugen: sieben Stück mit Jumo 211B und zwei Maschinen mit DB 601 ausgerüstet. Diese Flugzeuge mit Sturzflugbremse dienten als Erprobungsträger für die unterschiedlichen Triebwerke, Zielgeräte und Abwurfeinrichtungen.

Kampf- und Aufklärungsflugzeug   Do 217 E

Technische Daten

Länge	17,3 m
Höhe	5,0 m
Spannweite	19,0 m
Tragfläche	57,0 m²
Triebwerk BMW 801 A	2 x 1560 PS
Rüstgewicht	10 550 kg
Fluggewicht	16 500 kg
Höchstgeschwindigkeit	515 km/h
Gipfelhöhe	6500 m

Die Do 217 E wurde in den Ausführungen E-1 bis E-5 gebaut. Sie unterschieden sich durch veränderte Kanzelausführungen, in der Bewaffnung und den Bomben-Rüstsätzen, in den Rüst- und Fluggewichten, teilweisen Einbau von Sturzflugbremsen, Kuto-Nasen in den Flügelvorderkanten, Ballonkabel-Abweisern im Bereich der Kanzeln, im Atlantikeinsatz mit Seenotausrüstung, teilweise verstärkte Rumpfausführung, unterschiedliche Panzerung, Funk-, Ziel- und Bildgeräte. Die Do 217 E-5 war eine Sonderausführung für zwei Gleitbomben Hs 293 mit besonderer Aufhängung unter den Flügeln. Eine Do 217 E-2 diente 1942 als Trägerflugzeug für das Staustrahltriebwerk von Professor Sänger.

Bei sämtlichen Do 217 E-Flugzeugen kamen die BMW 801 A-Motoren und dreiflügelige VDM-Verstellschrauben mit 3,9 m Durchmesser zum Einbau. Kraftstoffunterbringung in den Flügel- und Rumpfbehältern (2960 Liter), für größere Reichweiten zusätzlich zwei Blechbehälter an Bombenschlössern im Rumpf aufgehängt (1500 Liter) und zwei Holzbehälter am Flügel an den Bombenträgern befestigt (2 x 900 Liter). Erstflug am 1. Oktober 1940. Bei Dornier in Friedrichshafen und München wurden 590 Flugzeuge Do 217 E gefertigt. Weitere Fertigung bei der Norddeutschen Dornier-Werke GmbH in Wismar.

Technische Daten	
Länge	22,0 m
Höhe	5,8 m
Spannweite	27,0 m
Tragfläche	108,0 m²
Triebwerk Bramo 323 R2	3 x 1000 PS
Rüstgewicht	10 750 kg
Fluggewicht normal	16 200 kg
Fluggewicht Überlast	18 400 kg
Höchstgeschwindigkeit	340 km/h
Gipfelhöhe	5900 m
Steigzeit auf 4000 m Höhe	21 min
Besatzung	6

Do 24 T – im Auftrag des RLM erfolgte der Umbau einer Do 24 K auf das Musterflugzeug Do 24 T. Neben Änderungen in den Einbauten, Ausrüstung und Bewaffnung wurde hauptsächlich vom Wright Cyclone-Triebwerk auf die Motoren Bramo 323 R 2 mit je 1000 PS umgestellt. Der Erstflug fand am 15. Januar 1941 statt. Die Do 24 T wurde nach der Besetzung Hollands von Aviolanda, De Schelde und Fokker für die deutsche Luftwaffe gefertigt, bis August 1944 etwa 160 Stück. Von SNCAN in Paris-Sartrouville kamen weitere 48 Flugboote. Die Do 24 T wurden im Seenotdienst und als Transportflugboote in der Nord- und Ostsee, im Ärmelkanal, über dem Atlantik, dem gesamten Mittelmeerraum und am Schwarzen Meer eingesetzt. Über 11 000 Rettungserfolge waren zu verzeichnen, darunter etwa 5000 Angehörige der gegnerischen Streitkräfte. Spanien erwarb während des Krieges zwölf Do 24 T Flugboote, Überführung zwischen Mai und November 1944; zu dem geplanten Lizenzbau kam es nicht mehr. Eine Do 24 T wurde von 1945–1951 bei der schwedischen Luftwaffe im Seenotrettungsdienst geflogen. Eines der Do 24 T-Flugboote, bis 1970 bei der spanischen Seenotrettungsstaffel auf Mallorca stationiert, kehrte nach dem Überführungsflug am 6. August 1971 zu Dornier nach Friedrichshafen zurück.

Die technische Auslegung der Do 24 stellte ein Optimum im Flugbootbau dar, und der erfolgreiche Einsatz unter schwierigsten Bedingungen ließ dieses Hochseeflugzeug zu einem Stück Luftfahrtgeschichte werden.

Technische Daten

Länge	10,2 m
Höhe	4,4 m
Spannweite	10,3 m
Tragfläche	14,8 m^2
Höhenleitwerkfläche	8,3 m^2
Triebwerk	
Hirth HM 512 B-0	1 x 450 PS
Rüstgewicht	1895 kg
Fluggewicht	2400 kg
Besatzung	1
Fluggäste	3

Do 212 – freitragender Schulterdecker in Ganz-metallbauweise: Das Tragwerk mit nach hinten gepfeilter Vorderkante und gerader Hinterkante bestand aus einem Mittelteil und den beiden am Bootskörper angeschlossenen Tragflügelhälften. Anstelle der sonst bei Dornier-Flugbooten übli-chen Flossenstummel brachte man bei der Do 212 an den Flügelenden feststehende Stütz-schwimmer an. Der Flügel war duralbeplankt,

Querruder und Landeklappen stoffbespannt. Das zweistufige Boot mit leicht gekieltem Boden und ovaler Oberseite wurde in Schalenbauweise mit Duralplatbehäutung ausgeführt. Unterteilung durch Schottwände in Bugraum, Kabine für Pilot und drei Fluggäste – zu zwei Doppelreihen ange-ordnet, Gepäck- und Heckraum. Das charakteris-tische Merkmal der Do 212 war der im Heckraum schwenkbar eingebaute luftgekühlte Hirth-Rei-henmotor HM 512 B-O. Dieser trieb über eine ver-kleidete Fernwelle den als Druckschraube arbei-tenden Escher-Wyss-Vierblattpropeller (2,4 m Durchmesser) an. Um die Luftschraube bei Start und Wasserung spritzwasserfrei zu halten, konn-te die komplette Triebwerkanlage um 12° nach oben geschwenkt werden. Der Gesamtschwer-punkt der Do 212 lag wegen der Triebwerkanla-ge sehr weit hinten und erforderte ein abnormal großes, mittragendes Höhenleitwerk, ausgeführt in V-Stellung, nicht verstellbar. Doppelseitenleit-werk, teils Stoff-, teils Blechbehäutung. Bugrad in Rumpfspitze, Hauptfahrwerk in die Bootsseiten-wände einziehbar, elektromechanisch oder ma-nuell.
Rollversuche ab Juli 1942.

Technische Daten

Länge	18,0 m
Höhe	5,0 m
Spannweite	19,0 m
Tragfläche	57,0 m^2
Triebwerk BMW 801 L	2 x 1560 PS
Rüstgewicht	10 820 kg
Fluggewicht	15 250 kg
Höchstgeschwindigkeit	455 km/h
Gipfelhöhe	7300 m
Reichweite	3000 km

Aus der Do 217 E-2 entstanden die Do 217 J-1 und J-2 als Zerstörer und Nachtjäger mit neuem unverglastem Waffenbug, stärkere Bewaffnung und Spezialausrüstung mit Funkmessgeräten. Entsprechende Rüstsätze ermöglichten verschiedene Einsatzmöglichkeiten; durch Einbau einer Seenotausrüstung war Einsatz über See möglich. Die Kraftstoffanlage im Flügel und Rumpf konnte durch einen Zusatzbehälter im hinteren Lastenraum (anstelle der Bomben) auf insgesamt 4870 Liter erweitert werden.

Steuerwerk: Schiebesteuerung mit Hebelübertragung, Pedale; Patin-Kurssteuerung.

Funkanlage: FuG X + FuG 16 + FuG 25 + Peil GVa + APZA5 + FuB2 H + FuG101 + FuG202. Heizung/Enteisung: Besatzungsraumheizung, Warmluftbestrahlung der Sichtscheiben, Luftschraubenenteisung.

Besatzung: 3 Mann.

Erstflug am 15. März 1942; 130 Do 217 J-Flugzeuge wurden gebaut.

Technische Daten

Do 217 K-2

Länge	17,2 m
Höhe	5,0 m
Spannweite	24,5 m
Tragfläche	67,0 m²
Triebwerk BMW 801A	2 x 1560 PS
Rüstgewicht	10 555 kg
Fluggewicht	16 850 kg
Höchstgeschwindigkeit (ohne Auslasten)	520 km/h
Gipfelhöhe (ohne Auslasten)	7800 m

Bei der Do 217 K-Baureihe handelt es sich um eine Weiterentwicklung der Do 217 E. Die Motoren BMW 801 A wurden übernommen. Äußerlich unterschied sie sich durch einen neuen, vergrößerten Rumpfbug mit gewölbten Scheiben. Die Do 217 K-2, aus dem Serienflugzeug Do 217 K-1 entnommen, erhielt jedoch den Außenflügel der Do 217 P mit 67 m² und wurde zur Mitnahme von Sonderlasten zwischen Rumpf und Motorgondel entsprechend umgerüstet. Zum Bau der Do 217 K-3 entnahm man Zellen aus der Do 217 M-1-Fertigung, ebenfalls vergrößerte Tragfläche mit 67 m². Einige Do 217 K-3 richtete man für die Mitführung von Außenlasten her; eine Maschine kam als Trägerflugzeug für die DFS 228 zum Einsatz.
Ziel- und Bildgeräte: Lotfe 7 D; 1 Rb 7/9 und 1 Kleinbild-(Robot)-Kamera.
Steuerwerk: Steuersäule mit schwenkbarem Arm, verstellbare Pedale; Patin-Kurssteuerung PKS 10.
Funkanlage: FuG X + TZG X + FuG 16 + FuG 25 + FuBl 2 H + Peil G6+APZ 6 + FuG 101 und Anlage FuG 203e.
Besatzung: 4 Mann.
Erstflug am 31. März 1942.

Technische Daten	
Do 217 M-1	
Länge	17,1 m
Höhe	5,0 m
Spannweite	19,0 m
Tragfläche	57,0 m²
Triebwerk DB 603 A	2 x 1750 PS
Rüstgewicht	10 860 kg
Fluggewicht	16 700 kg
Höchstgeschwindigkeit	560 km/h
Gipfelhöhe	10 000 m
Reichweite	2200 km

Do 217 M-1 war eine Weiterentwicklung der Do 217 K-1, bei der die luftgekühlten BMW 801-Motoren durch die leistungsstärkeren, wassergekühlten DB 603 A-Triebwerke ersetzt wurden, Vierblatt-VDM-Verstellschrauben mit 3,8 m Durchmesser; Kutonase, Kraftstoff-Zusatzbehälter im Rumpf und als Außenbehälter möglich. Die Grundausrüstung konnte durch verschiedene Rüstsätze erweitert werden, auch zur Mitführung von Außenlasten unter dem Flügel und zusätzlich zwischen Rumpf und Motorgondel ausgelegt; Tropeneinsatz war möglich.

Die Do 217 M-2 sah den Einsatz als Torpedoflugzeug vor.

Die Do 217 M1/U1 erhielt das Flügelmittelstück aus Do 217 PR, Flügelfläche von 57 auf 67m² vergrößert. Im Motorgondelheck Abgasturbine T 9 für den DB 603 A.

Bei der Do 217 M-8 waren die DB 603 A ebenfalls mit Abgasturboladern versehen, Flügelfläche 67 m², Ausführung eines neuen Dreiecksseitenleitwerks, zwischen Rumpf und Motorgondel neue Anschlüsse für Aufhängung der Kehl-Geräte.

Do 217M-9, Flügelfläche 67 m², DB 603 A-Triebwerke, Dreiecksseitenleitwerk. Gegenüber Do 217 M-1 geändertes Rumpfvorderteil, aerodynamische Verbesserungen des B- und C-Standes, Einbau von Kehl-Geräten und erweiterte Funkausrüstung.

Erstflug am 16. Juli 1942; etwa 250 Do 217 M-Flugzeuge gebaut.

Technische Daten

Länge	18,9 m
Höhe	5,0 m
Spannweite	19,0 m
Tragfläche	57,0 m²
Triebwerk DB 603 A-1	2 x 1750 PS
Rüstgewicht	10 820 kg
Fluggewicht	13 210 kg
Höchstgeschwindigkeit	515 km/h
Gipfelhöhe	9500 m
Reichweite	1750 km

Do 217 N-1 und N-2 folgten als Weiterentwicklung des Nachtjägers Do 217 J. Eine Do 217 J bzw. J-2 bildeten durch Umbau die Musterflugzeuge für Do 217 NV1 und Do 217 N-1 mit DB 603 A-Motoren anstatt BMW 801 L. Triebwerke nicht mehr gepanzert ausgeführt, Vierblatt-VDM-Verstellluftschrauben mit 3,8 m Durchmesser, Heckbremse (Bänderschirm) eingebaut. Ausbau der Bombenanlage, Do 217 N-1 mit DL 131 im Stand B und ausgebautem C-Stand; bei der Version N-2 waren B- und C-Stand durch Holzverkleidungen ersetzt, dadurch weitere Zusatzbehälter für Kraftstoff in den Lastenräumen möglich.

Steuerwerk: Schiebesteuerung mit Hebelübertragung, Pedale; Patin-Kurssteuerung.

Funkanlage: FuG X-P + Peil GV 1 + APZa6 + FuE 25a + FuG 101 + FuG202 + FuG214 + FuB1. 2 H + TZG X + FuG 16 Zy.

Heizung/Enteisung: Besatzungsraumheizung, Luftschrauben- und Flügelnasenenteisung.

Auspuffanlage mit Mischrohren.

Besatzung: 3 Mann.

Erstflug am 31. Juli 1942; insgesamt 325 Do 217 N ausgeliefert.

Technische Daten

Länge	16,8 m
Höhe	5,0 m
Spannweite	24,5 m
Tragfläche	67,0 m²
Triebwerk 2 x DB 603 B + 1 DB 605T	2 x 1750 PS
Rüstgewicht	11 800 kg
Fluggewicht	15 965 kg
Höchstgeschwindigkeit	533 km/h
Gipfelhöhe	13 500 m

Juli 1942 – Auftragserteilung auf Entwicklung und Bau von sechs Musterflugzeugen Do 217 P/V1 – V6 mit DB 603 B-Motoren und einem Zentral-Ladeaggregat DB 605T im Rumpf. Die Do 217 P/V1 war aus der Serie Do 217 E-2 umzubauen. Sie startete am 6. Juni 1942 zum Erstflug, die P/V2 am 26. August 1942 und die P/V3 im September 1942. Rumpfvorderteil als abgedichtete druckfeste Höhenkammer für einen Überdruck von ca. 0,5 atü ausgeführt. Die Kammer mit den Sichtscheiben war doppelwandig ausgeführt, wobei die innere Wand den Überdruck aufzunehmen hatte. Im Rumpf hinter der Verdichteranlage brachte man zwei Kameras unter, eine weitere im Raum zwischen Höhenkammer und Verdichteranlage. Die Do 217 P/V1 hatte zunächst den Do 217 E-Flügel mit 57 m² Fläche, in dieser Ausführung wurde vor allem die Triebwerkserprobung durchgeführt. Der Flügel wurde durch Anstücken auf 67 m² wie bei Do 217 P/V2 und P/V3 vergrößert. In dieser Version begann das Erprobungsprogramm der Höhenflüge. Im Juni 1943 erstmals eine Höhe von 13 500 m ausgeflogen.

Zwecks weiterer Steigerung der Flughöhen wurde eine Flügelvergrößerung auf 71 m² und ein neuer Einbau für die Wasserkühlanlage des Gebläsemotors DB 605 in Angriff genommen. Mit dem umgebauten Flugzeug wurden im August 1943 noch einige Werkstattflüge durchgeführt. Im September 1943 wurde die weitere Flugerprobung und der beabsichtigte Serienbau auf Weisung des RLM abgebrochen.

Technische Daten

Länge	16,8 m
Höhe	5,6 m
Spannweite	20,6 m
Tragfläche	68,0 m²
Triebwerk DB 603 B	2 x 1750 PS
Rüstgewicht	12 885 kg
Fluggewicht	19 250 kg
Höchstgeschwindigkeit	410 km/h

Eine vollkommen neu durchgearbeitete Weiter-entwicklung der Do 217-Baureihe wurde unter der Bezeichnung Do 317 in Angriff genommen. Insgesamt war die Do 317 in den Abmessungen etwas vergrößert. Der Rumpf war geräumiger.
Als Antrieb kamen die DB 603 B-Motoren und vierflügelige VDM-Verstellschrauben mit 4,3 m Durchmesser zum Einbau. Das Seitenleitwerk war dreieckig ausgebildet. Die Besatzung sollte aus vier Mann bestehen.
Erstflug der Do 317 A am 8. September 1943; weitere Flugzeuge wurden nicht mehr gefertigt.
Dem RLM unterbreitete Dornier den Vorschlag Do 317 B: Höhenflugzeug mit Druckkabine, zwei DB 610-Doppeltriebwerke, Spannweite auf 26 m vergrößert. Dieses Projekt kam nicht mehr zur Ausführung.

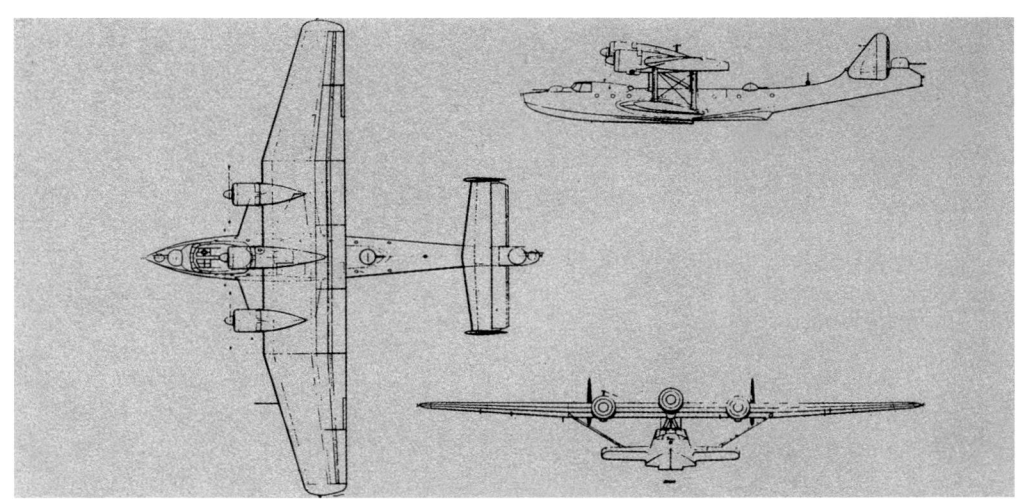

Technische Daten

Länge	24,0 m
Höhe	6,2 m
Spannweite	30,0 m
Tragfläche	126,0 m²
Bootsbreite	3,0 m
Bootsbreite mit Stummel	8,2 m
Triebwerk Bramo 323 TA	3 x 1200 PS
Höchstgeschwindigkeit	340 km/h
Rüstgewicht – Seenotdienst	12 815 kg
Rüstgewicht – Fernaufklärer	13 790 kg
Fluggewicht – Seenotdienst	18 000 kg
Fluggewicht – Fernaufklärer	20 000 kg

D 318 Weiterentwicklung der Do 24 mit größeren Abmessungen und höherem Fluggewicht. Beim Einsatz im Seenotdienst waren 18 t Fluggewicht vorgesehen, bei der Fernaufklärer-Version ein Überlast-Fluggewicht von 20 t. Das zweistufige Boot sollte in der üblichen Schalenbauweise erstellt werden. Für das dreiteilige Tragwerk mit leichter V-Stellung wurde NACA 230 als Flügelprofil gewählt. Bei der Fernaufklärer-Version sah man Flügel-Mischgasenteisung, Höhenflossen- und Luftschraubenenteisung vor. Als Triebwerk waren drei Bramo 323TA mit je 1200 PS Startleistung projektiert. Im Seenotdienst war Unterbringung von acht Geretteten vorgesehen, die Besatzung sollte aus fünf Mann bestehen.

Technische Daten

Do 335 A-0-Serie

Länge	13,9 m
Höhe	5,0 m
Spannweite	13,8 m
Tragfläche	38,5 m²
Triebwerk DB 603A	2 x 1750 PS
Rüstgewicht	7260 kg
Fluggewicht	9510 kg
Höchstgeschwindigkeit	732 km/h
Steigzeit auf 8000 m	14,5 min
Reichweite	2150 km
Dienstgipfelhöhe	11 500 m

Do 335 – Tiefdecker in Ganzmetallbauweise. Am Rumpf, in Schalenkonstruktion ausgeführt, waren die beiden Flügel mit dem Holmmittelstück angeflanscht. Die versteifte Flügelnase hatte eine Enteisungsanlage, die Landeklappen wurden hydraulisch betätigt. Zwei DB 603A- bzw. 603 E-Triebwerke waren im Rumpf untergebracht: Das vordere im Rumpfbug trieb eine Zugluftschraube, das hintere wirkte über eine Fernantriebwelle auf eine hinter dem Kreuzleitwerk angeordnete Druckluftschraube (Dornier-Patent von 1937). Vorderes Triebwerk mit Ringkühler, hinterer Motor mit Tunnelkühler; Rumpftank und zwei Behälter im Flügel mit insgesamt 1850 Liter Kraftstoff. Katapultsitz mit Kupplung aller für den Notausstieg notwendigen Betätigungen wie Dachabwurf, Seitenleitwerk- und Heckschraubenabsprengung. Die Haupträder wurden in den Flügel eingezogen, das Bugrad nach hinten in den Rumpf eingefahren.

Nach einer Bauzeit von nur neun Monaten war die Do 335 V1 fertiggestellt und startete am 26. Oktober 1943 auf dem Flugplatz Mengen zum Erstflug. Etwa 30 Flugzeuge wurden fertiggestellt.

Do 335 – eines der herausragenden Beispiele für die Dornier-Flugzeugentwicklung und die allgemeine Luftfahrttechnik. Dieses in Konstruktion und Leistung einzigartige Flugzeug gilt noch heute als schnellstes Serienflugzeug der Welt mit Kolbenmotorantrieb. Die in Rechlin erflogenen Werte lagen bei 780 km/h.

Kampfflugzeug-Projekt   Do 435

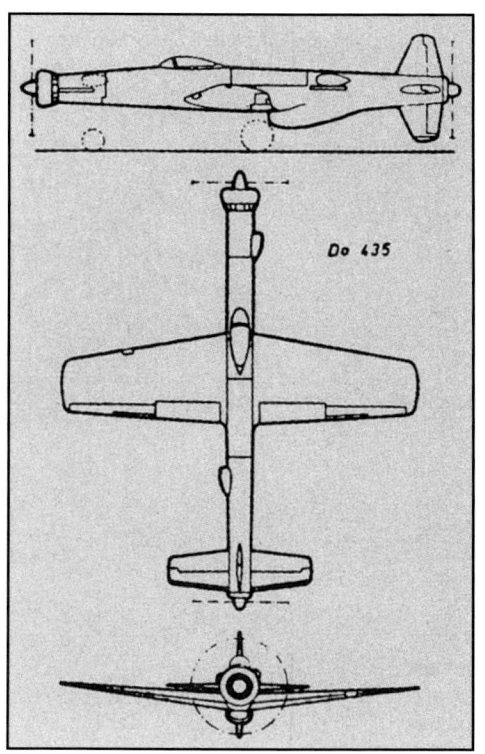

Do 435

Weiterentwicklung der Do 335 mit neuen Trieb-werken (2 x Jumo 213 mit je 1750 PS). Der Rumpf wurde verbreitert, sodass die zweiköpfige Besat-zung etwas gestaffelt nebeneinander Platz hatte. Außerdem wurde der Rumpf nach vorn um ca. 35 cm verlängert, das Tragwerk auf 45 m² vergrö-ßert; Pfeilflügel.

Die Entwurfsarbeiten und die Attrappenbesichti-gung waren abgeschlossen, die Konstruktion auf-genommen, als das Projekt eingestellt wurde.

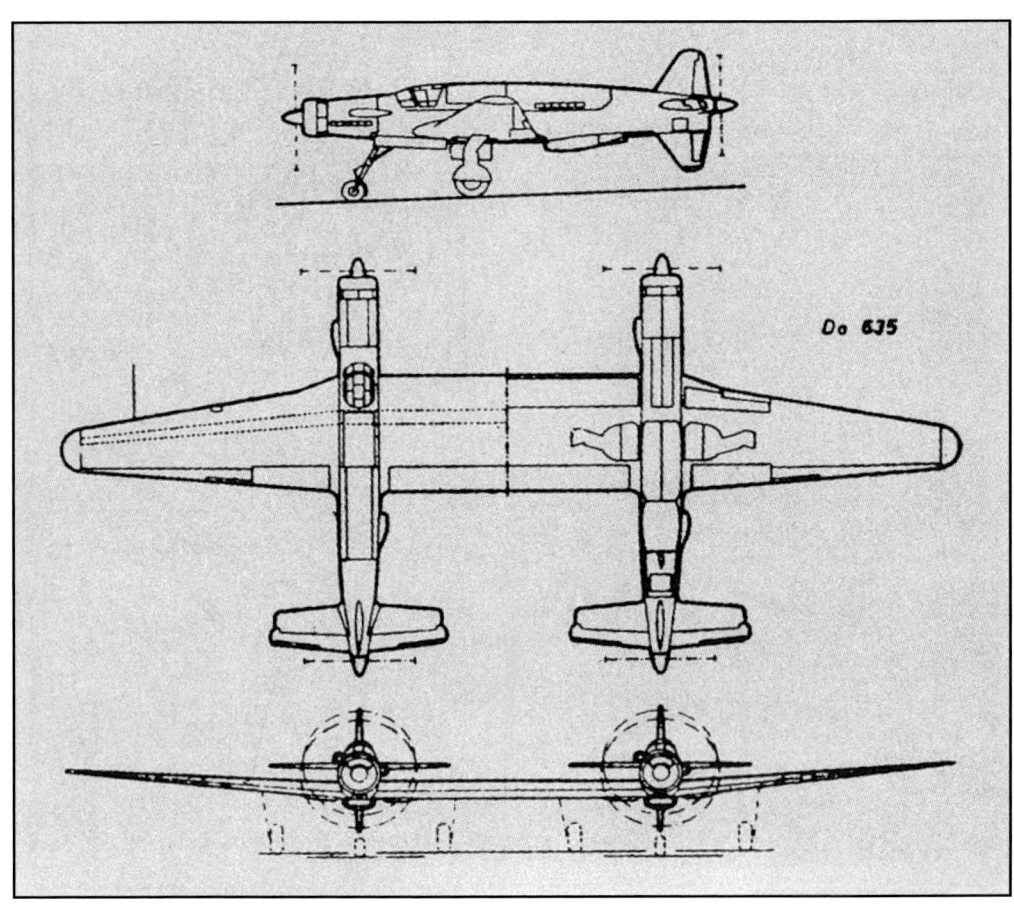

Langstrecken-Zwillingsflugzeug aus zwei Do 335
B-Rümpfen mit rechteckigem Mittelflügel und
vier DB 603 E-Motoren mit je 1800 PS.

Technische Daten

Länge	9,5 m
Höhe	3,2 m
Spannweite	12,0 m
Flügelfläche	19,4 m²
Triebwerk Elizalde Tigre	
G-IV-B	1 x 150 PS
Continental 0-470-J	1 x 225 PS
Leermasse	786 (900 kg)
Abflugmasse	1100 (1350) kg
Höchstgeschwindigkeit	205 (250) km/h
Reisegeschwindigkeit	180 (205) km/h
Mindestgeschwindigkeit	53 (55) km/h
Dienstgipfelhöhe	4800 (6000) m
Reichweite	700 km
Startstrecke	200 (170) m
Landestrecke	120 (90) m
Sitzplätze	4

Ausgangspunkt für die Dornier-Kurzstart-Flugzeugfamilie nach dem Zweiten Weltkrieg bildete das vom »Oficinas Técnicas Dornier – OTEDO« in Madrid entwickelte Verbindungsflugzeug Do 25, das aufgrund einer Ausschreibung des spanischen Luftfahrtministeriums projektiert wurde. Der Bau von zwei Prototypen und einer Bruchzelle erfolgte bei den spanischen CASA-Werken in Sevilla (Rumpf, Fahrwerk und Endmontage) und in Cádiz (Trag- und Steuerflächen).

Die für gute Langsamflugeigenschaften und kurze Start- und Landestrecken ausgelegte Do 25 war ein in Ganzmetallbauweise ausgeführter Schulterdecker mit festem Vorflügel über die gesamte Spannweite und mit Doppelspaltquerruder sowie Auftriebsklappen. Der Prototyp Do 25 P1 mit einem 150-PS-Motor des Typs Elizalde Tigre G-IV-B und nicht verstellbarer Luftschraube flog unter der Musterbezeichnung XL-9 erstmals am 25. Juni 1954 in Sevilla-Tablada.

Der zweite Do 25-Prototyp wurde in Getafe mit einem 225 PS-Continental-Motor des Typs 0-470-J und einer Verstell-Zweiblatt-Luftschraube von Hartzell mit »constant speed«-Einrichtung ausgerüstet und flog unter der Bezeichnung Do 25 P2C erstmals am 28. Juni 1955. Mit dieser wesentlich erhöhten Motorleistung konnten die Flugeigenschaften noch weiter verbessert und besonders auch die Technik zur Erreichung hoher Auftriebsbeiwerte weiterentwickelt werden. Die Do 25 P2C bildete die Vorstufe für die Do 27.

Technische Daten

Länge	9,6 m
Höhe	3,5 m
Spannweite	12,0 m
Flügelfläche	19,4 m²
Triebwerk Lycoming	
GO-480-B1A6	1 x 274 PS
Lycoming GSO-480-B	1 x 340 PS
Turboméca Astazou II	1 x 530 WPS
Leermasse	1050 (1100 kg)
Abflugmasse	1570 (1850) kg
Höchstgeschwindigkeit	250 (296) km/h
Reisegeschwindigkeit	215 (250) km/h
Mindestgeschwindigkeit	60 km/h
Dienstgipfelhöhe	3600 (5600) m
Reichweite	1100 (1360) km
Startstrecke	260 (140) m
Landestrecke	165 (290) m
Sitzplätze	4/6/8

Auf der Grundkonstruktion der Do 25 aufbauend, startete am 17. Oktober 1956 der Prototyp der ebenfalls von OTEDO entworfenen Do 27 zum Erstflug auf dem wiedereröffneten Werkflugplatz Oberpfaffenhofen bei München. Die wichtigsten Änderungen gegenüber der Do 25 waren bei der Do 27 der leistungsstärkere 274-PS-Lycoming-Motor GO-480-B1A6, das Hauptfahrwerk und der zweiteilige Flügel – anstatt eines durchgehenden Holmes, Flügelintegraltank, Vergrößerung der Seitenflosse inkl. Ruder, veränderte Türform und unterer Strak des Rumpfhinterteils. Als nach zehnjähriger Unterbrechung 1955 das Flugzeug-Bauverbot in Deutschland wieder aufgehoben wurde, ermöglichte ein Auftrag der Bundeswehr die Serienproduktion des Verbindungs- und Arbeitsflugzeugs Do 27. Im Zeitraum 1955–1966 wurden mehr als 600 Flugzeuge dieses Typs, davon 428 für die Bundeswehr, in den verschiedensten Ausführungen (u.a. mit Schwimmern und Turboprop-Antrieb) gebaut. Mit ihren hervorragenden Kurzstart- und -landeeigenschaften fand die vielseitige und robuste Do 27 nicht nur in Deutschland, sondern in allen Teilen der Welt Verwendung als Verbindungs-, Beobachtungs-, Ambulanz-, Rettungs-, Schul-, Reise-, Vermessungs-, Land- und Forstwirtschaftsflugzeug sowie im Segelflugzeug- und Transparentschlepp.

Technische Daten

Länge	9,5 m
Höhe	2,7 m
Spannweite	13,2 m
Flügelfläche	21,6 m²
Triebwerk	
Lycoming GO-480	2 x 270 PS
Leermasse	1560 kg
Abflugmasse	2350 kg
Höchstgeschwindigkeit	330 km/h
Reisegeschwindigkeit	285 km/h
Landegeschwindigkeit	70 km/h
Dienstgipfelhöhe	7000 m
Reichweite	800 km
Startstrecke	170 m
Landestrecke	150 m

Zur Erprobung der extremen Kurzstart- und -landetechnik wurde das Versuchsflugzeug Do 29 Ende der 1950er-Jahre gemeinsam von Dornier und der Deutschen Versuchsanstalt für Luftfahrt (heute DLR) entwickelt. Der Erstflug des ersten von insgesamt drei im Auftrag des Bundesverteidigungsministeriums gebauten Prototypen fand am 21. Dezember 1958 in Oberpfaffenhofen statt. Bei der Do 29 konnten die Propellerwellen der beiden an der Tragfläche angeordneten 270-PS-Lycoming-Motoren in eine nach abwärts geschwenkte Stellung gedreht werden, wodurch der Propellerschub eine zusätzlich hebende Komponente zur erheblichen Verkürzung der Start- und Landestrecke erzeugte. Der Basisentwurf dieses Experimentalflugzeuges, mit dem der Übergang von der Kurz- zur Senkrechtstarttechnik untersucht wurde, entsprach der Do 27, war jedoch im Rumpfvorderteil und Flügelmittelstück wesentlich modifiziert. Die stark verglaste, einsitzige Pilotenkabine war mit einem Martin-Baker-Schleudersitz ausgerüstet.

Technische Daten

Länge	9,2 (9,0) m
Höhe	2,8 m
Spannweite	13,8 m
Flügelfläche	22,4 m²
Triebwerk Lycoming 0-540	2 x 255 PS
Lycoming IO-540	2 x 290 PS
Leermasse	1670 (1725 kg)
Abflugmasse	2450 (2670) kg
Höchstgeschwindigkeit	280 (302) km/h
Reisegeschwindigkeit	250 (280) km/h
Landegeschwindigkeit	85 km/h
Dienstgipfelhöhe	5900 (6300) m
Reichweite	1150 (1780) km
Startstrecke	310 (272) m
Landestrecke	210 (225) m
Sitzplätze	6

Aus der einmotorigen Do 27 wurde Ende der 1950er-Jahre die zweimotorige Variante Do 28 entwickelt. Der Erstflug des Do 28-Prototypen V-1 fand am 29. April 1959 in Oberpfaffenhofen statt, der Prototyp der Ausführung Do 28A als STOL-Reiseflugzeug ein Jahr später am 20. März 1960. Bei der als freitragender Hochdecker ausgelegten Do 28 wurde der Flügel und die Auftriebshilfen der Do 27 zusammen mit dem hinteren Rumpfteil, der Kabine für sechs Personen sowie die Steuerflächen übernommen. Die beiden Lycoming-Motoren sowie die starren Hauptfahrwerks-Federbeine sind an einem Unterflügel angebracht. Wie schon die einmotorige Do 27 zeichnete sich auch die zweimotorige Do 28 durch eine hohe Reisegeschwindigkeit, ausgezeichnete Langsamflugeigenschaften sowie sehr kurze Start- und Landestrecken aus. Während die Version A-1 von zwei 255-PS-Lycoming-Motoren 0-540 und Zweiblatt-Luftschrauben angetrieben wurde, war die erstmals am 26. April 1963 geflogene Ausführung Do 28 B-1 mit 290-PS-Motoren des Typs Lycoming IO-540 und Dreiblatt-Verstell-Luftschrauben ausgerüstet. Mit der Bezeichnung Do 28 C befand sich noch eine achtsizige Ausführung mit zwei 530-WPS-Propellerturbinen-Triebwerken im Projektstadium.

Insgesamt wurden 120 Maschinen des Typs Do 28 A und B gebaut.

Technische Daten

Länge	17,5 m
Höhe	7,6 m
Spannweite	22,0 m
Flügelfläche	65,0 m²
Triebwerk 2 x Rolls Royce	
DART Mk 529	je 1938 PS
Abflugmasse	10,8 t
Nutzlast	3,5 t

Das 1959 projektierte STOL-Transportflugzeug baute aerodynamisch und konstruktiv auf den Erfahrungen mit der Do 29 auf – mit Rechteckflügel, festem Vorflügel und Doppelspaltlandeklappen. Die beiden DART-Propellerturbinen waren untereinander über Getriebe und Welle synchron verbunden. Bei 10,7 t Abfluggewicht errechneten sich Startstrecken von 165 m (bis 10,5 m Höhe) bzw. Landestrecken von 200 m (aus 15 m Höhe). Für den militärischen Einsatz bemessen waren auch der Laderaum mit 8 m Länge, 2,3 m Breite und 1,8 m Stehhöhe, die Schnell-Umrüstbarkeit sowie eine große Heckladerampe. Die Do 30 war konzipiert als Lasten- und Truppentransporter (max. 30 Mann), als Sanitätsflugzeug (18 Verletzte auf Tragen mit Begleitpersonal), für die Versorgung aus der Luft (Palettenabwurf), im zivilen Einsatz als Zubringerflugzeug (28 Fluggäste), als Frachttransporter sowie als Reiseflugzeug für Industrie und Behörden. 1960 der Deutschen Luftwaffe angeboten, wurde das Projekt Do 30 zugunsten des Programms V/STOL Do 31 aufgegeben.

Seeaufklärungs- und U-Jagdflugzeug
Breguet BR.1150 Atlantic

Technische Daten

Länge	31,8 m
Höhe	11,3 m
Spannweite	36,3 m
Flügelfläche	120,3 m²
Triebwerk Rolls-Royce RR.	
Tyne Mk.21	2 x 6100 WPS
Leermasse	34 600 kg
Abflugmasse	43 500 kg
Höchstgeschwindigkeit	650 km/h
Dienstgipfelhöhe	10 000 m
Reichweite	7700 km
Einsatzdauer	18–20 h

Das U-Jagd- und Seeraumüberwachungsflugzeug Breguet BR.1150 Atlantic (Prototyp-Erstflug 1. November 1961) wurde aufgrund einer NATO-Ausschreibung im Rahmen eines internationalen Gemeinschaftsprogramms entwickelt und gebaut. Insgesamt wurden 87 Flugzeuge gebaut und von Frankreich, Deutschland, den Niederlanden sowie Italien eingeführt. An der Konstruktion und Fertigung war Dornier (Rumpfheck und Unterschale) programmbeteiligt. Die BR.1150 Atlantic ist ein von zwei Turboprop-Triebwerken angetriebener Mitteldecker. Der Ganzmetall-Schalenrumpf ist 2,90 m breit und 4 m hoch. Der obere Teil des Rumpfes ist als Druckkabine ausgebildet und nimmt Bugkanzel, Cockpit, taktische Auswertezentrale, Ruheräume, Küche, Toilette und Heckbeobachterstation auf. Zur Durchführung der MPA-Aufgaben ist eine zwölfköpfige Besatzung vorgesehen. Die Bundesmarine unterhielt 1965 bis 2007 eine Flotte von 20 Flugzeugen.

Für die deutsche Marine hat die Dornier Reparaturwerft GmbH die Betreuung und Wartung der Flugzeuge übernommen.

Technische Daten	
Länge	10,3 m
Höhe	4,0 m
Spannweite	8,6 m
Flügelfläche	16,4 m²
Triebwerk Rolls-Royce BS	
Orpheus	1 x 2270 PS
Leermasse	3100 kg
Abflugmasse	5270 kg
Waffenlast	900 kg

Das Erdkampfflugzeug Fiat G.91 wurde aufgrund einer NATO-Ausschreibung von Fiat in Italien 1956 entwickelt. Neben der italienischen Luftwaffe beschaffte die deutsche Luftwaffe für ihre beiden Kampfgeschwader die einsitzige Version G.91/R3 und die zweisitzige Version G.91/T3. Im Rahmen einer deutschen Firmenarbeitsgemeinschaft stellte Dornier zwischen 1959 und 1966 in Lizenz nicht nur das Rumpfmittelstück her, sondern besorgte als Hauptauftragnehmer auch in Oberpfaffenhofen die Endmontage und das Einfliegen von 294 G.91/R3. Zwischen 1969 und 1972 wurden noch 22 Doppelsitzer T3 von Dornier gefertigt. Die Dornier Reparaturwerft GmbH betreute die Fiat G.91. Bei der Luftwaffe wurde die Fiat G.91 Ende der 1970er-Jahre durch den deutsch-französischen Alpha Jet ersetzt.

Technische Daten

Rumpflänge	3,2 m
Landegestellbreite	2,1 m
Höhe	1,9 m
Rotordurchmesser	7,5 m
Rotorkreisfläche	44,0 m²
Triebwerk	BMW-Turbo-kompressor 6012 L
Leermasse	151 kg
Abflugmasse	280 kg
Höchstgeschwindigkeit	115 km/h
Reisegeschwindigkeit	100 km/h
Max. Steiggeschwindigkeit	8 m/s
Reichweite	90 km
Flugdauer	50 min

Mit der Do 32 E konstruierte Dornier einen ultra-leichten Einmann-Hubschrauber, der am 29. Juni 1962 in Oberpfaffenhofen in die Flugerprobung genommen wurde. Es war ein zusammenfalt-barer Hubschrauber mit Reaktionsantrieb, der in einem Autoanhänger transportiert und diesen auch als Start- und Landeplattform benutzen konnte. In einer speziellen Transportkiste ver-packt, war er überall einsatzbereit zu lagern und damit auch leicht luft-, see- und landtransporta-bel. Zum Antrieb des Zweiblattrotors aus Leicht-metall wurde komprimierte Luft zu den Blattspit-zendüsen geführt. Der gegendrehmomentfreie Antrieb dieses Reaktionshubschraubers erfolgt durch einen turbinengetriebenen Kompressor, wodurch eine leichte Handhabung im Einsatz ermöglicht wurde. Der Do 32 E stellte praktisch die Vorstufe für die unbemannte Rotorplattform »Kiebitz« dar. Aus dem Do 32-Einmann-Hub-schrauber wurde der autostabile, ferngesteuerte Rotorflugkörper Do 32 U abgeleitet. Dieses Expe-rimentalgerät wurde ab Juni 1966 für die Basiser-probung der späteren gefesselten, unbemannten Rotorplattform »Kiebitz« eingesetzt.

1965   Leichter Transporthubschrauber Bell UH-1D

Technische Daten

Rotordurchmesser	14,63 m
Länge	12,76 m
Breite	2,60 m
Höhe	4,41 m
Heckrotordurchmesser	2,59 m
Triebwerk	1 x Lycoming T53-L-11 bzw. -13
Besatzung	2
Sitze	12
Laderaum	6,23 m³
Leermasse	2172 kg
Flugmasse	4308 kg
Höchstgeschwindigkeit	204 km/h
Reichweite	1125 km

Der leichte Mehrzweck- und Transporthubschrauber UH-1 D »Iroquois« wurde Mitte der 1950er-Jahre von dem U.S.-Hersteller Bell aufgrund eines gewonnenen Entwurfswettbewerbs der U.S.-Army entwickelt und gebaut. Am 26. Oktober 1965 wurde zwischen dem deutschen Bundesministerium der Verteidigung und Bell ein Abkommen über den Nachbau durch die süddeutsche Luftfahrtindustrie geschlossen. Dornier wurde Hauptauftragnehmer dieses Lizenzbauprogramms, in dessen Rahmen bis 19. Januar 1971 insgesamt 352 Hubschrauber des Typs für die Bundeswehr und den Bundesgrenzschutz gefertigt wurden.

Mehrzweckflugzeug Do 28 D Skyservant

Technische Daten

Länge	11,4 m
Höhe	3,9 m
Spannweite	15,5 m
Flügelfläche	29,0 m^2
Triebwerk Lycoming	
IGSO-540 A1 E	2 x 380 PS
Leermasse	2238 kg
Abflugmasse	4015 kg
Nutzlast	805 kg
Reisegeschwindigkeit	272 km/h
Dienstgipfelhöhe	7680 m
Max. Reichweite	2875 km
Startstrecke	546 m
Landestrecke	530 m
Sitzplätze	2 + 12

Das Mitte der 1960er-Jahre entwickelte zweimotorige Mehrzweckflugzeug Do 28 D Skyservant baute auf den Dornier-STOL-Konstruktionserfahrungen auf. Am 23. Februar 1966 absolvierte der Prototyp Skyservant V-1 in Oberpfaffenhofen mit dem Dornier-Testpiloten Drury Wood seinen Erstflug. Mit der Produktion der Serienversion D-1 wurde nach Eingang der ersten Exportaufträge im Jahre 1968 begonnen. Als fliegendes Arbeitspferd konzipiert, stellte die Skyservant in fast 30 Ländern in allen Erdteilen ihre Leistungsfähigkeit und Zuverlässigkeit unter Beweis – im Passagier- und Frachttransport, als Plattform für Fotogrammetrie und Erderkundung, bei Verbindungsaufgaben, Such- und Rettungsmissionen, im Sanitäts- und Versorgungseinsatz.

Die Qualitäten dieses Klein-Transportflugzeugs veranlassten das deutsche Bundesverteidigungsministerium zur Beschaffung von vier Maschinen der Version D-1 für die Flugbereitschaft der Luftwaffe. Im Jahre 1970 folgte ein Auftrag über 121 Flugzeuge der Ausführung D-2 für Luftwaffe und Marine (Programmabschluss im Januar 1974).

Gegenüber der D-1 hatte die Version D-2 eine erhöhte Abflugmasse, aerodynamische Verbesserungen an Landeklappen, Querrudern und Höhenleitwerk sowie Reduzierung des Vorflügels auf dem Außenflügelbereich. Das hervorragende Leistungsspektrum der Skyservant wurde am 15. März 1972 durch sechs FAI-Weltrekorde dokumentiert.

Technische Daten

Länge	20,9 m
Höhe	8,5 m
Spannweite	18,1 m
Flügelfläche	57,0 m²
Rolls Royce Pegasus 5-2	2 x 7000 kg
Rolls Royce RB-162-4D	8 x 2000 kg
Leermasse	13 868 kg
Max. Abflugmasse	27 500 kg
Höchstgeschwindigkeit	750 km/h
Reisegeschwindigkeit	700 km/h
Steiggeschwindigkeit	19,2 m/s
Dienstgipfelhöhe	10 700 m
Reichweite	1800 km

Die Anfänge dieses Programms reichen in das Jahr 1959 zurück. 1962 beauftragte das Bundesministerium der Verteidigung Dornier mit der Entwicklung des V/STOL Transportflugzeugs Do 31. Im Rahmen dieses Experimentalprogramms wurden ein kleines und ein großes Schwebegestell für prinzipielle Voruntersuchungen, eine Bruchzelle für Festigkeitsversuche und ein Systemprüfstand zur Erprobung der hydraulischen sowie elektrischen Bordsysteme hergestellt. Die beiden Versuchsflugzeuge Do 31 E-1 (ohne Hubtriebwerke) und E-3 wurden von 1967 bis 1971 erfolgreich erprobt. Die Do 31 E-3 war mit zwei Hub-/Schubtriebwerken des Typs Rolls Royce Pegasus 5-2 mit einer Schubleistung von je 7000 kg ausgerüstet, die den Vortrieb im Reiseflug lieferten und über schwenkbare Antriebsdüsen auch Auftrieb bei Start und Landung. Zur Unterstützung der Marschtriebwerke im Schwebeflug wurden die insgesamt acht in Gondeln an den Flügelenden installierten Hubtriebwerke des Rolls Royce RB-162-4D (je 2000 kg Schub) genutzt. Durch Schwenken der Marschtriebwerksdüsen wurde die Do 31 auf die für den aerodynamischen Horizontalflug erforderliche Geschwindigkeit von etwa 250 km/h gebracht, worauf nach 20 sec die acht Hubtriebwerke wieder gestoppt wurden.

Die Do 31, die anlässlich ihrer Überführung zum Pariser Aéro Salon 1969 mehrere FAI-Weltrekorde aufstellte, war das erste und bisher einzige senkrechtstartende Strahltransportflugzeug der Welt.

Technische Daten

Nutzlast	10 kp
Einsatzhöhe	200 m
Einsatzzeit	24 h
Steiggeschwindigkeit	2 m/s
Einholgeschwindigkeit	2 m/s
Rotordurchmesser	7,5 m
Kraftstoffverbrauch	60 l/h

Im Jahre 1967 wurde auf dem Flugplatz Friedrichshafen-Löwental die Flugerprobung der Experimentalausführung der gefesselten Rotorplattform Do 32 K »Kiebitz« aufgenommen. Bei dieser Rotorplattform fand das Rotor- und Antriebssystem der Do 32 E Verwendung. Die Kraftstoffversorgung des Kiebitz Triebwerks erfolgte über das Fesselseil durch ein Pumpensystem von der mobilen Lkw-Station aus. Ein bordseitiger Regler führte über die zyklische Blattsteuerung des Rotors und die Abgassteuerung des Luftlieferers die Stabilisierung der drei Plattformachsen aus. Um die Hochachse ist die Plattform vom Boden aus steuerbar. Die mobile Bodenstation, ein geländegängiger Lkw, dient als Transportfahrzeug, als Lande- und Startrampe und als Energieversorgungsstation. Die Fesselung der Plattform wird über eine Winde auf der Bodenstation durchgeführt und ermöglicht ein Ein- und Ausfahren in wenigen Minuten. Enteisung und ausreichende Windfestigkeit ermöglichten einen weitgehend wetterunabhängigen Einsatz. Ein- und Ausfahren der Plattform kann ohne besondere Schulung von einem Mann durchgeführt werden.

Mit diesem System wurde erstmals der Funktionsnachweis einer gefesselten automatisch stabilisierten Rotorplattform erbracht.

Projektdaten	
Länge	24,5 m
Höhe	7,2 m
Spannweite	30,0 m
Flügelfläche	120,0 m²
Triebwerk Curtiss Wright R 1820-82A	2 x 1550 PS
Standardleermasse	13 770 kg
Entwurfsabflugmasse	20 000 kg
Max. Suchflugdauer	18 h

Im Zusammenhang mit dem Bedarf für ein modernes Fluggerät für den deutschen Seenotrettungsdienst führte Dornier Mitte der 1960er-Jahre eine Studie für die optimale Auslegung eines Seenotrettungsflugzeuges durch. Als Ausgangspunkt für diese Studie diente das Flugboot Do 24 T, das im Seenotdienst während des Zweiten Weltkrieges unter schwierigsten Bedingungen überaus erfolgreich eingesetzt war. Ergebnis dieser Studienarbeiten war das Projekt des dreimotorigen Amphibien-Flugbootes Do 324 mit einziehbarem Bugrad-Fahrgestell und einem Laderaum für 30 Personen. Die Projektausarbeitungen wurden in spätere Untersuchungen über amphibische Fluggeräte einbezogen.

Senkrechtstartender Militär-Strahltransporter-Projekt

Do 131

Projektdaten

Länge	24,6 m
Höhe	8,1 m
Spannweite	24,8 m
Flügelfläche	88,0 m²
Triebwerk Rolls Royce	
RB. 168-25	2 x 5650 kg
Rolls Royce RB. 162-81	14 x 2720 kg

Ausgehend von dem Prinzip und den Erkenntnissen des Do 31-Experimentalprogramms wurden mehrere militärische und zivile V/STOL-Transportflugzeugprojekte untersucht. Bei dieser Auslegung waren die beiden Marschtriebwerke des Typs Rolls Royce RB.168-25 in Gondeln an Stielen an den Tragflächen angeordnet und die insgesamt 14 Hubtriebwerke des Typs RB.162-81 in besonderen Gondeln in den äußeren Dritteln der Tragflächen integriert. Die Version Do 131 B war mit verbrauchsgünstigeren Marschtriebwerken mit höherem Bypass-Verhältnis sowie Zweikreishubtriebwerken vorgesehen.

Verbindungshubschrauber-Projekt Do 132

Technische Daten

Triebwerk	UACL PT6 A-20
Rotordurchmesser	10,70 m
Länge	7,50 m
Höhe	2,80 m
Leermasse	675 kg
Nutzlast	420 kg
Startmasse	1430 kg
Reisegeschwindigkeit	221 km/h
Reichweite	450 km

Ende der 1960er-Jahre entwickelte Dornier den fünfsitzigen Turbinenhubschrauber Do 132 mit Heißgasreaktionsantrieb. Dieser ermöglichte ein sehr einfaches, wartungsarmes und wirtschaftliches Gerät. Das bei Dornier bereits erprobte Rotorsystem hat gegenüber dem üblichen mechanischen Wellenantrieb den Vorteil, dass kein Heckrotor oder gegenläufiger zweiter Rotor nötig ist, da ein Reaktionsantrieb kein Gegendrehmoment erzeugt. Es sind keine Wellen, Getriebe, Kupplung und Freilauf erforderlich. Die Rotordrehzahl ist frei wählbar für dynamische Starts mit erheblicher Mehrzuladung. Das niedrige Gewicht des dynamischen Systems ergab ein sehr günstiges Zuladungsverhältnis.

Ein Gaserzeuger vom Typ UACL PT6 A-20 lieferte das heiße Druckgas für den Rotor. Von der Turbine wurde das Gas über den Rotorkopf und die Rotorblätter zu den Schubdüsen an den Blattspitzen geleitet. Das Rotorsystem wurde einer Dauererprobung auf dem Rotorprüfstand unterzogen. Von der Zelle wurde ein 1:1-Modell im Windkanal vermessen.

Projektdaten

Länge	36,20 m
Spannweite	26,0 m
Höhe	9,55 m
Flügelfläche	120 m^2
Streckung	5,633
Sitzplätze	100
Gepäckraum vorn	8,9 m^3
Gepäckraum hinten	13,4 m^3
Marschtriebwerk	
Rolls Royce RB. 220	(2 x 10 850 kp)
Hubtriebwerk	
Rolls Royce RB. 202	(12 x 5935 kp)
Reisegeschwindigkeit	900 km/h
Gipfelhöhe	11,10 km
Startgewicht	59 000 kg
Reichweite (volle Nutzlast)	800 km
Überführungsreichweite	
VTOL	2960 km

1969 wurden zwei Versionen der Do 231 projektiert: die 231 C für den zivilen Einsatz und die Do 231 M für den militärischen Einsatz. Beginn der Entwicklung waren die im Mai 1969 vorgelegten Rahmenforderungen des Bundesministeriums für Verteidigung an ein VSTOL-Transportflugzeug, ana-

loge Vorgaben der Deutschen Lufthansa AG sowie die Erfahrungen aus dem Experimentalprogramm Do 31 und die gemeinsam mit Hawker-Siddley durchgeführten Projektarbeiten zur Do 131.

Anfang der 1970er-Jahre gewann Dornier den vom Bundesministerium für Wirtschaft eingeleiteten Wettbewerb. Die Änderung der NATO-Strategie und die Konzentration der Lufthansa auf die Boeing 737 führten jedoch zur Beendigung des Vorhabens.

Die 231 C war als ziviles Verkehrsflugzeug mit VTOL-Fähigkeit geplant. Der Rumpf hatte Kreisquerschnitt und bot Platz für 100 Passagiere, vier Stewardessen und 22,3 m^3 Gepäck. Die Triebwerksanlage bestand aus zwei Marschtriebwerken an Stielen am Tragwerk mit Schubablenkvorrichtungen zur Beaufschlagung der Doppelspaltklappen des Tragflügels und zwölf schwenkbaren Hubtriebwerken. Je vier Hubtriebwerke befanden sich in Gondeln an der Trennstelle Innenflügel/Außenflügel, je zwei weitere Hubtriebwerke sind im Rumpfbug bzw. -heck eingebaut. Der auf dem Rumpf aufgesetzte Tragflügel war mit Doppelspaltklappen, Querrudern und Spoilern ausgerüstet und der tragende Flügelkasten als Integraltank ausgebildet.

Die 231 M war ein militärisches Transportflugzeug mit Kurzstart- und Kurzlandefähigkeiten (VSTOL). In der Gesamtkonfiguration, der Triebwerksanlage, der Flugsteuerungs- und -regelungsanlage sowie einem großen Teil der übrigen Komponenten mit der Do 231 C identisch. Das Be- und Entladen sollte über eine integrierte Laderampe im Rumpfheck erfolgen. Das Fahrwerk hatte Niederdruckreifen für die Landung auf Graspisten usw. Der Laderaum hatte eine für die Beladung mit schweren Lasten ausgelegte Belastbarkeit des Fußbodens und die entsprechenden Verzurr- und Beladeeinrichtungen. Bei der Do 231 M war eine Kapazität von 100 Soldaten auf speziellen Truppensitzen vorgesehen.

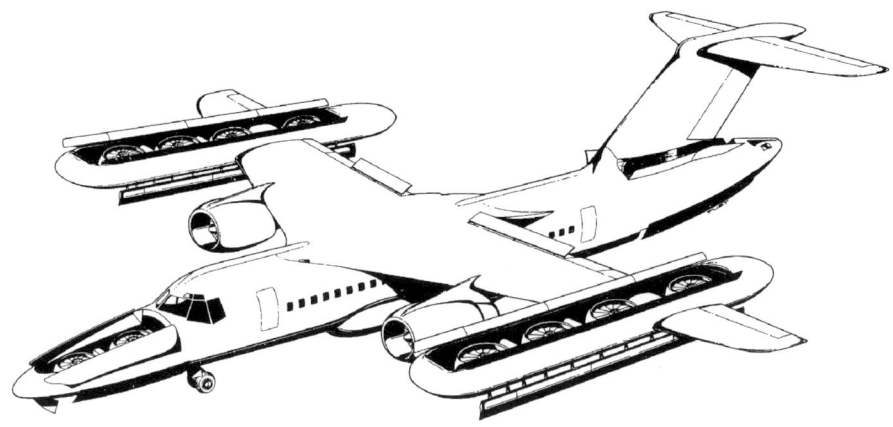

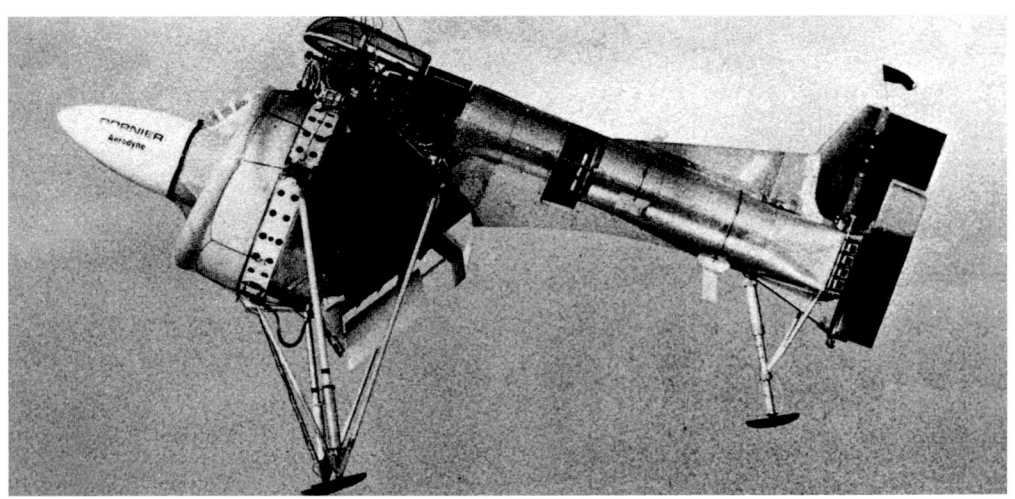

Technische Daten

Länge	5,50 m
Breite	1,90 m
Gebläsedurchmesser	1,10 m
Fluggewicht	435 kg
Antrieb MTU 6022 A-3	max. 370 PS

Eine Experimentalstudie im Auftrag des Bundesverteidigungsministeriums zum Aerodyne-Prinzip. Aerodyne ist nach A.M. Lippisch die Bezeichnung für flügellose, unbemannte Senkrechtstarter. Erfolgreicher Abschluss der Schwebeflugerprobung am 30. November 1972 mit dem Experimentalflugkörper Aerodyne E 1.

Das Prinzip des Aerodyne ist die Zusammenfassung der Auftriebs- und Vortriebserzeugung in einer Baueinheit, dem inneren Strömungskanal, einem Ringflügel mit Gebläse. Ohne Konfigurationsänderung kann Aerodyne im gesamten Bereich zwischen Schweben und max. Geschwindigkeit stationär fliegen. Durch Klappen am Ende des Strömungskanals kann die durchtretende Luft umgelenkt werden und den jeweils notwendigen Auftrieb und Schub liefern.

Flugleistungen zwischen denen eines Hubschraubers und eines konventionellen Flugzeuges. Aerodyne erreicht im Schnellflug wie auch im Schwebeflug günstige Flugleistungen.

Im Vorwärtsflug werden Nick- und Giersteuerung durch die Steuerflächen eines konventionellen Leitwerks am Heck des Leitwerkträgers bewirkt.

Einsatzgebiet: Unbemannte Flugaufklärung – land- und schiffsgestützt. Das Fluggerät wird über Funk ferngesteuert. Erstflug 18. September 1972.

Projektdaten	
Sitzplätze	40
Länge	24,3 m
Höhe	7,3 m
Spannweite	28,0 m
Flügelfläche	110,0 m^2
Triebwerk Pratt & Whitney	
PT6A-50	3 x 1200 WPS
Lycoming T5321 A	3 x 1600 WPS
Leermasse	10 650 kg
Abflugmasse	18 600 kg
Zuladung	7950 kg
Höchstgeschwindigkeit	417 km/h
Reichweite	11,5 h

Bei der Do 24/72 handelte es sich um den Entwurf eines hochseefähigen Amphibienflugzeugs, das vornehmlich für die Aufgaben der Seenotrettung (SAR) und der Feuerbekämpfung ausgelegt war. Eine Reihe typischer Konstruktionsmerkmale, wie der Flossenstummel, das Baldachintragwerk, die drei Triebwerke und das Doppelseitenleitwerk, wurden vom früheren Flugboot Do 24T übernommen. Anstatt Kolbenmotoren sollten bei der Do 24/72 drei Propellerturbinentriebwerke zur Anwendung kommen. Als Hochauftriebshilfen sollten Doppelspaltklappen die Kurzstarteigenschaften dieses Amphibiums gewährleisten.

Technische Daten

Länge	13,2 m
Höhe	4,2 m
Spannweite	9,1 m
Flügelfläche	17,5 m²
Triebwerk	GRTS Larzac 04
Standschub	
je Triebwerk	2 x 1318 daN
	(1350 kg)
Leermasse	3500 kg
Abflugmasse	5000 kg
Max. Abflugmasse	7250 kg
Startstrecke	400–1150 m
Max. Steiggeschwindigkeit	57 m/s
Max. Mach-Zahl	M 085
Aktionsradius	ca. 900 km
Flugdauer	ca. 3 h
Besatzung	2

Der Alpha Jet eine deutsch-französische Gemeinschaftsentwicklung der Firmen Dassault-Breguet und Dornier. Die beim Alpha Jet realisierbare Kombination von optimierter aerodynamischer Ausle-gung, zwei modernen Turbofan-Triebwerken, hervorragenden Flug- und Einsatzleistungen, einfacher Handhabung, guter Wartbarkeit sowie geringen Betriebskosten ergab ein vielseitiges Flugzeug mit hoher Zuverlässigkeit und Wirksamkeit. Entsprechend den deutsch-französischen Luftwaffenforderungen ist der zweistrahlige, doppelsitzige Alpha Jet sowohl als fortschrittlicher Trainer für die vielschichtigen Aufgaben der Pilotenausbildung als auch als leichter Jagdbomber für die Luftnahunterstützung (LNU) konzipiert.
Erstflug des Prototyp 01 am 26. Oktober 1973. Für sämtliche Flugzeuge baut AMD das Rumpf-Vorderteil, den Rumpf zusammen und beschafft alle Geräte. Dornier baut das Rumpf-Hinterteil, das Tragwerk, das Höhen- und Seitenleitwerk sowie einige kleinere Bauteile des Vorderrumpfbereiches. Darüber hinaus ist die belgische Industrie mit einigen Baugruppen an der Fertigung beteiligt. Mit der Umrüstung der Verbände der französischen, deutschen und belgischen Luftwaffe wurde 1979/80 begonnen. Bei der deutschen Luftwaffe standen 175 Alpha Jet im Einsatz bis 2000. Über 500 Maschinen waren Ende 1981 von zehn Ländern geordert.

1976   Spähplattform

Die von Dornier entwickelte Spähplattform ist ein Schwebegerät mit optischen oder Infrarot-Sensoren. Durch den Sensoreinsatz in erhöhter Position ermöglicht sie eine beträchtliche Steigerung der Beobachtungsreichweite. Das Schwebegerät ist eine kleine gefesselte Rotorplattform ohne Eigenantrieb. Der von einem Drallring umgebene Rotor wird in der Bodenstation auf hohe Drehzahl gebracht. Die im Rotor gespeicherte kinetische Energie ermöglicht eine Flugzeit von ca. einer Minute. Nach dem Start steigt die Spähplattform schnell auf ihre Einsatzhöhe und wird nach der Schwebephase mit dem Fesselseil wieder auf die Bodenstation zurückgezogen. Während des Fluges wird das vom Sensor empfangene Bild über das Fesselseil auf einen Bildschirm im Fahrzeug übertragen.

Die Bodenstation kann auf einem Einachsenanhänger untergebracht oder in Gefechtsfahrzeuge integriert werden.

Das Spähplattformsystem zeichnet sich aus durch:
– kleine Abmessungen
– geringe Entdeckbarkeit
– verzugslose Informationsdarstellung
– hohe Zuverlässigkeit
– geringe Kosten

Die Entwicklung des Gefechtsfeld-Aufklärungs-drohnen-Systems ist ein Gemeinschaftsprogramm der Bundesrepublik Deutschland und Kanadas unter Beteiligung Frankreichs. Das System erfüllt die militärischen Forderungen an Ziel- und Überwachungsaufklärung des Heeres im Bereich mittlerer Eindringtiefen. Bei der Auslegung des Systems wurden die praktischen Erfahrungen mit dem Aufklärungsdrohnen-System AN/USD 501 (CL 89) berücksichtigt, das bei den Land-Streitkräften der Bundesrepublik Deutschland und Großbritanniens erfolg-reich im Einsatz ist und das in Italien und Frankreich in Dienst gestellt wird. Im Vergleich zur CL 89 sind die Leistungsanforderungen an die CL 289 wesentlich höher. Das System AN/USD 502 (CL 289) besteht aus mehreren Drohnen und einer Boden-anlage. Die Entwicklung begann 1976, nachdem im Rahmen umfangreicher Vorarbeiten in Zusammenarbeit mit dem Bedarfsträger die Erfüllbarkeit der Anforderungen festgestellt wurde. Das Firmen-flugversuchsprogramm wurde in Yuma/Arizona (USA) durchgeführt.

Gefesselte Rotorplattform-
Projekt
Do 34 Kiebitz

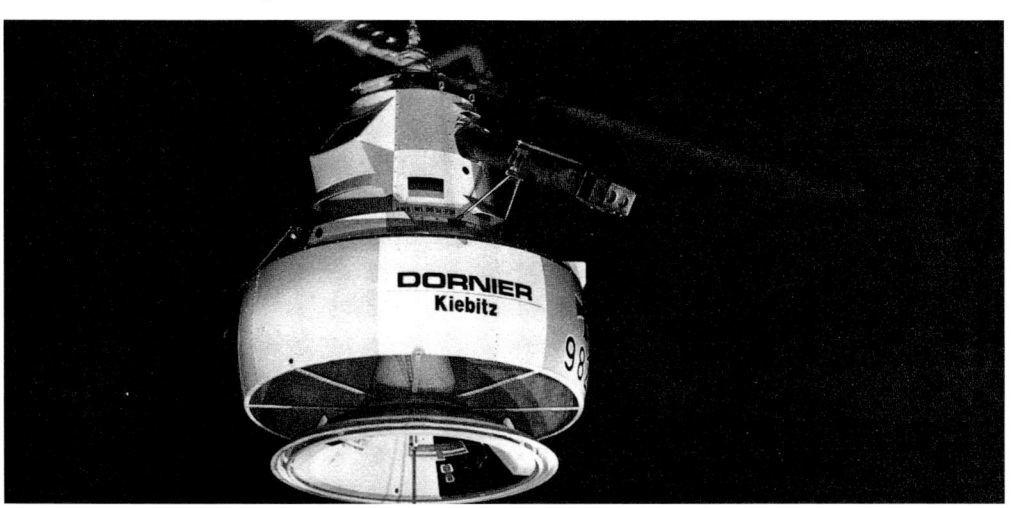

Technische Daten

Rotordurchmesser	8,4 m
Anzahl der Rotorblätter	2
Triebwerk	Allison 250 C20B
Flugmasse (gesamt)	550 kg
Leermasse	350 kg
Kabelmasse (300 m)	85 kg
Nutzlast	140 kg
Flugdauer	24 h
Einsatzflughöhe	300 m
Steigzeit (max. Startmasse)	6 min

Der von Dornier entwickelte Kiebitz ist ein mobiles Trägersystem, bestehend aus einer autonomen, ferngesteuerten, gefesselten Rotorplattform und einer Bodenanlage. Die Rotorplattform kann mit einer Nutzlast von 140 kg innerhalb von wenigen Minuten in einer Höhe bis zu 300 m ü. Gnd. stationiert werden. Die Zelle der unbemannten, rotorgestützten Plattform enthält in ihrem oberen kegelstumpfförmigen Teil alle betriebsnotwendigen Geräte, sie ist im unteren Teil als Sensorbehälter ausgebildet.

Die Einsatzmöglichkeiten des Dornier-Kiebitz sind äußerst vielseitig. Als unbemannter Sensor- oder Antennenträger eignet er sich u.a. für die Gefechtsfeldaufklärung, Zielortung, Tieffliegererfassung, FM-Relaisstation, Richtfunkanlage und Seezielüberwachung.

Im Erprobungsprogramm wurden bis Ende September 1981 mehr als 550 Flüge, davon 47 Flüge in mehr als 300 m Höhe mit ca.166 Flugstunden erreicht.

Technische Daten

Länge	2,0 m
Spannweite	2,1 m
Startmasse	70 kg
Max. Horizontal-geschwindigkeit	250 km/h
Max. Flughöhe	3000 m

Basierend auf den umfangreichen Erfahrungen auf dem Drohnen- und RPV-Sektor und angeregt durch den kommenden Bedarf an kleinen, robusten, einfach zu bedienenden und kosteneffektiven Fluggeräten für verschiedene Missionen wandte sich Dornier vor einiger Zeit auch dem Arbeitsgebiet Mini-Drohnen/Mini-RPVs zu. Aufgrund der gewünschten Missionsbreite und der sonstigen Anforderungen wurde ein Deltaflügler mit kleiner Streckung und Druckschraubenantrieb gewählt. Das Antriebssystem ist ein Zwei-Zylinder-Zweitakt-Boxermotor, der 22 PS leistet, im Heck integriert ist und auf einer Druckschraube arbeitet. Ein erstes größeres Flugversuchsprogramm mit den Prototypen wurde im Oktober 1978 auf dem Gelände der Erprobungsstelle Meppen durchgeführt. Bei dieser Erprobung wurde der Nachweis erbracht, dass das von Dornier vorgeschlagene Fluggerät die operationellen Anforderungen hinsichtlich Flugeigenschaften und Flugleistungen erfüllt. Ein weiteres Ziel der Versuchsflüge war die Erprobung von Ausrüstungskomponenten wie Antriebsmotor, Stellmotoren und Rolldämpfungssystem.

Der Start der Flugkörper erfolgte mithilfe eines Katapults, die Landung mittels Fallschirm und Dämpfungssäcken. Das Katapult ist ebenfalls von Dornier entwickelt und gebaut worden. Nach allen Versuchsflügen wurden die Drohnen ohne Beschädigungen mit dem Fallschirm-Bergesystem gelandet.

Technische Daten

Länge	13,3 m
Höhe	5,0 m
Spannweite	17,0 m
Flügelfläche	32,0 m²
Triebwerk Garrett/AIResearch	
TPE331-5	2 x 715 WPS
Leermasse	3010 kg
Abflugmasse	4500 kg
Höchstgeschwindigkeit	428 km/h
Steigleistung 2-mot	15,7 m/s
1-mot	5,8 m/s
Reisegeschwindigkeit	342 km/h
Startstrecke	250 m

Mit dem Erstflug am 14. Juni 1979 des DORNIER TNT-Experimentalflugzeugs in Oberpfaffenhofen wurde ein Flugerprobungsprogramm aufgenommen, in dessen Rahmen die für neue Flugzeuge der allgemeinen Luftfahrt, insbesondere der Mehrzweck- und Zubringer-Kategorie, relevanten Schlüsseltechnologien praktisch getestet wurden. Im Vordergrund stand dabei der Tragflügel Neuer Technologie, der von Dornier mit Förderung des Bundesministeriums für Forschung und Technologie entwickelt wurde.

Das TNT Experimentalflugzeug ist im Wesentlichen eine zum Versuchsträger modifizierte Ausführung der Do 28 D-2 Skyservant mit einem Tragflügel Neuer Technologie, zwei am Flügel angeordneten Propellerturbinen-Triebwerken, verlängertem Rumpf, veränderter Bugnase und Leitwerk sowie einem starren Bugrad-Fahrwerk aus der Alpha Jet-Serie.

Neben der umfassenden Flugerprobung des Tragflügels Neuer Technologie werden mit dem TNT Experimentalflugzeug u.a. neuartige Propeller, Bauteile und Baugruppen aus Verbundwerkstoff sowie das Böenabminderungssystem OLGA eingehenden Flugversuchen unterzogen.

Experimentalflugzeug
Transonischer Tragflügel

Als reiner Versuchsträger für den von Dornier entwickelten Transonischen Tragflügel (TST) diente das deutsche Alpha Jet-Serienflugzeug A1. Dieses Experimentalprogramm wurde im Auftrag des Bundesministeriums der Verteidigung im Rahmen der Programme »Zukunftstechnik/Luftfahrt/ZTL« und »Komponentenerprobung/Luftfahrt/KEL« durchgeführt. Die von der E-Stelle 61 und Dornier gemeinsam abgewickelte Flugerprobung des Transonischen Tragflügels begann am 12. Dezember 1980 nach vorausgegangenen ausgedehnten Windkanalversuchen. Mit der Bestätigung aller Vorhersagen und rechnerischen Ergebnisse wurde die TST Experimentalerprobung Ende 1982 erfolgreich abgeschlossen.

Nach 15-jährigem Einsatz der Breguet BR.1150 Atlantic wurden im Interesse einer Kampfwertsteigerung für die deutsche Bundesmarine im Rahmen eines umfassenden Modernisierungsprogramms diese Seeaufklärungs- und U-Jagdflugzeuge im Zeitraum von 1982 bis Ende 1983 umgerüstet und auf den neuesten Stand der Technik gebracht. Hierfür erhielt die Dornier GmbH in Friedrichshafen vom Bundesamt für Wehrtechnik und Beschaffung den Auftrag im Gesamtwert von ca. 200 Mio. DM als verantwortlicher Generalunternehmer. Dornier arbeitete dabei im Rahmen von Unteraufträgen mit deutschen Firmen und vor allem mit namhaften Elektronik- und Avionikherstellern in den USA zusammen.

Die Modernisierung umfasst:
- Radar
- ESM
- Sono
- Magnetbandgerät
- Bojenwerfer
- Navigationsanlage

1980 Luftgestütztes Frühwarn- und Führungssystem

NATO-E-3A AWACS

Technische Daten	
Länge	46,4 m
Höhe	12,9 m
Spannweite	44,9 m
Radom-Durchmesser	9,1 m
Triebwerk Pratt & Whitney	
TF33-PW-100	4 x 9523 kg
Max. Abflugmasse	147 400 kg

Das E-3A-System, von dem für die Nordatlantische Verteidigungsallianz (NATO) 18 Exemplare beschafft wurden, ist mit einem weit reichenden, elektronisch hochentwickelten Frühwarn- und Führungsradar ausgerüstet. Das erfasste Datenvolumen wird durch eine Freund-Feind-Kennungsanlage (IFF) sortiert. Die Radar- und IFF-Antennen sind in einem rotierenden Radom auf dem Flugzeugrumpf installiert. Ergänzt werden diese Überwachungssysteme durch eine umfangreiche Avionikausrüstung für Navigation, Kommunikation, Datenverarbeitung und -darstellung.

Die Systeme sind in eine hierfür modifizierte Boeing 707-320 integriert, die mit 17 Mann Besatzung einsatzmäßig fliegt und von vier Pratt & Whitney TF33 Turbofan Triebwerken angetrieben wird.

Dieses bisher größte NATO-Gemeinschaftsprogramm wurde unter Führung der amerikanischen Boeing Aerospace Company von amerikanischen, deutschen und kanadischen Firmen durchgeführt. Die deutsche Industrie war maßgeblich an diesem Programm beteiligt. Die Dornier Reparaturwerft GmbH erhielt einen der wichtigsten Arbeitsanteile – die Integration, den Einbau, die Boden- und Flugabnahmetests der gesamten Einsatzelektronik für die 18 AWACS der NATO.

Technische Daten

Länge	14,4 m
Höhe	3,9 m
Spannweite	15,5 m
Flügelfläche	29,0 m^2
Triebwerk Lycoming	
IGSO-540 A1 E	2 x 380 PS
Pratt & Whitney PT6A-110	2 x 400 WPS
Leermasse	2346 (2372) kg
Abflugmasse	4015 (4350) kg
Nutzlast	805/1137 kg
Höchstgeschwindigkeit	304/330 km/h
Reisegeschwindigkeit	211/259 km/h
Dienstgipfelhöhe	7470/9936 m
Steigleistung	5,2/6,2 m/s
Max. Reichweite	1140/1825 km
Startstrecke	560/546 m
Landestrecke	435/530 m
Sitzplätze	10

Im Laufe der langen, erfolgreichen Karriere der Do 28D Skyservant mit Kolbenmotorantrieb wurde dieses im weltweiten Einsatz bewährte STOL-Utility-Flugzeug ständig den neuesten technischen und einsatzbedingten Forderungen angepasst. So basieren die verschiedenen Versionen der weiter verbesserten Baureihe DORNIER 128 im Wesentlichen auf der bis 1979 gebauten Do 28 D-2. Bei der jüngeren DORNIER 128 mit einer Sitzkapazität für zwei plus zehn Personen handelt es sich um neue Varianten mit erhöhter Abflug- und Landemasse sowie größerer Nutzlast.

Neben der DORNIER 128-2 mit zwei Kolbenmotoren des Typs Lycoming IGSO-540 A1 E absolvierte die Turboprop-Serienausführung DORNIER 128-6 mit zwei Propellerturbinen-Triebwerken des Typs Pratt & Whitney PT6A-110 am 4. März 1980 den erfolgreichen Erstflug. Im März 1981 wurde ihr die Musterzulassung erteilt und ab Sommer 1981 erfolgten die Auslieferungen an Kunden in afrikanischen Ländern.

Mehrzweck- und Zubringerflugzeug

Technische Daten

Länge	15,0/16,6 m
Höhe	4,9 m
Spannweite	17,0 m
Flügelfläche	32,0 m²
Triebwerk Garrett/AiResearch	
TPE 331-5	2 x 715 WPS
Leermasse	3403/3537 kg
Abflugmasse	5700 kg
Nutzlast	1917/1783 kg
Höchstgeschwindigkeit	432 km/h
Reisegeschwindigkeit	370 km/h
Max. Steigleistung	10,3 m/s
Dienstgipfelhöhe	9022 m
Max. Reichweite	2700 km
Startstrecke	579 m
Landestrecke	442 m
Sitzplätze	15/19 (20)

Im Rahmen der Utility Commuter-Flugzeugfamilie von Dornier kam mit Beginn der 1980er-Jahre die neue DORNIER 228-Serie in der Version -100 für 15 Passagiere und in der Version -200 für 19 bzw. 20 Passagiere zur Einführung. Hervorstechendes Merkmal dieser Baureihe ist der Tragflügel Neuer Technologie, der mit seinem neuartigen aerodynamischen Flügelprofil, seiner besonderen Formgebung und seiner Integralbauweise erhebliche Verbesserungen hinsichtlich Maximalauftrieb und Gleitzahl, verringerten induzierten Widerstand, geringeres Strukturgewicht und höhere Strukturfestigkeit gegenüber konventionellen Auslegungen aufweist. Angetrieben von zwei Propellerturbinentriebwerken sind die DORNIER 228-Flugzeuge für ein breites Anwendungsgebiet ausgelegt. Die Prototypen der DORNIER 228-100 (Erstflug 28. März 1981) und 228-200 (Erstflug 2. Mai 1981) wurden während der Flugerprobung erstmals 1981 auf dem 34. Internationalen Aero Salon in Paris der Öffentlichkeit vorgestellt. Die deutsche Musterzulassung wurde noch im Dezember 1981 für die Version -100 bzw. September 1982 für die Version -200 erteilt. Seit Anfang 1983 befinden sich DORNIER 228-Zubringerflugzeuge u.a. im regulären Linienluftverkehr in Skandinavien, Griechenland, Afrika und Fernost.

Im Frühjahr 1981 wurde die Flugerprobung des unbemannten Kleinhubschraubers MTC II von Dornier aufgenommen. Das Fluggerät ist eine Weiterentwicklung des kleineren MTC I und hat wie dieses als wesentliches Konstruktionsmerkmal einen koaxial-gegenläufigen Doppelrotor.

Der unbemannte Kleinhubschrauber MTC II wurde als Geräteträger für den Einsatz bei Heer und Marine konzipiert. Im Hinblick auf die erforderliche Einsatzbreite verfügt er bei 190 kg Startmasse über bis zu 60 kg Nutzlast bei ca. zwei Stunden Einsatzdauer. Als Antrieb dient ein mit Doppelzündung ausgerüsteter Zwei-Takt-Motor mit einer Leistung von 29,5 kW (40 PS).

Der MTC II ist voll stabilisiert und wurde während der ersten Erprobungsphase von einem Bedienpult am Boden über ein loses Verbindungskabel ferngesteuert. Für spätere Flugversuchsphasen ist eine Funkfernsteuerung vorgesehen. Das bisherige MTC-Programm wurde von Dornier mit Eigenmitteln realisiert und ist ein Beitrag zu experimentellen Untersuchungen innerhalb des Dornier-Arbeitsgebietes Aufklärung/Zielortung/Feuerleitung mit Drohnen und RPVs.

1983 Amphibien-Technologieträger Do 24 ATT
Vormalige Bezeichnung Do 24 TT

Technische Daten

Länge	21,9 m
Höhe	6,7 m
Spannweite	30,0 m
Flügelfläche	100,0 m²
Triebwerk Pratt & Whitney	
PT6A-45B	3 x 1125 WPS
Standardleermasse	10 070 kg
Max. Abflugmasse–Land	14 000 kg
Max. Abflugmasse–Wasser	12 000 kg
Höchstgeschwindigkeit	428 km/h
Reisegeschwindigkeit	343 km/h
Startstrecke von Land	590 m
Startstrecke von Wasser	180 m

Mit dem erfolgreichen Erstflug des Experimental-Amphibienflugzeugs Do 24 ATT (vormalige Bezeichnung DO 24 TT) am 25. April 1983 auf dem Werkflugplatz Oberpfaffenhofen, durchgeführt vom Cheftestpiloten Dieter Thomas und seinem Kopiloten Meinhard Feuersenger, wurde von Dornier ein weiteres Luftfahrt-Technologievorhaben in das Flugversuchsstadium gebracht. Das Programm dient der Erprobung neuer Technologien auf dem Gebiet der Amphibienflugzeuge und wird mit Förderung des Bundesministeriums für Forschung und Technologie unternommen. Bei dem von Dornier auf der Basis des früheren Do 24-Flugbootes entwickelten Technologieträger Do 24 ATT handelt es sich um ein amphibisches Versuchsflugzeug mit drei Turboprop-Triebwerken, einem neuen abgestrebten Rechteckflügel mit fortschrittlichem aerodynamischen Profil und einem Bugradfahrwerk unter Benutzung des Do 31-Hauptfahrwerks. Zielsetzung dieses Experimentalprogramms war es, die gesteigerte Hochseefähigkeit, die Einsatzflexibilität als Amphibium, die Leistungs- und Wirtschaftlichkeitsverbesserungen, den neu entwickelten Tragflügel sowie die modernen Propellerturbinen im Hochsee-Einsatz zu testen.

Technische Daten

Sitzplätze	32/34
Länge	21,28 m
Spannweite	20,98 m
Höhe	7,24 m
Flügelfläche	40,0 m²
Triebwerk	Pratt & Whitney PW 119B 2 x 1851 SHP
Propeller	Hartzell HD-E6C, 6-Blatt, 3,50 m Ø
Abflugmasse	13 640 kg
Reisegeschwindigkeit	331 KTAS, 613 km/h in 25 000 ft Höhe
Reichweite (Commuter)	730 nm, 1353 km
Reichweite (17 PAX)	1385 nm, 2566 km

Nach dem Einstieg von Daimler-Benz bei Dornier im Jahre 1985 wurden die Arbeiten an der Do 328 als Nachfolgeflugzeug der erfolgreichen Do 228 für den Commuter-Markt aufgenommen. Das Konzept der Do 328 basiert auf der Do 228 und dem Vorgängerprojekt, dem mit Indien projektierten LTA. Nach umfangreichen Projektarbeiten und schwieriger Suche nach »Risk Sharing«-Partnern

in einem turbulenten Betriebsumfeld, das durch häufige Richtungswechsel, Organisations- und Firmenänderungen geprägt war, erfolgte der offizielle Entwicklungsstart am 26.10.1988; der Erstflug fand am 6.12.1991 in Oberpfaffenhofen statt. Im Oktober 1993 wurde die europäische Musterzulassung erteilt und die erste Serienmaschine an Air Engiadina in der Schweiz ausgeliefert. Industrielle Partner im Programm waren Aer-Macchi in Italien, Westland in Großbritannien und Daewoo in Korea, Daewoo wurde später durch OGMA in Portugal ersetzt. Bei Dornier verblieben als Anteile: Flügel, Rumpfheck und Leitwerk sowie die Endmontage. Es wurden 111 Flugzeuge der Do 328 mit PTL-Triebwerken gebaut.

Die 32/34-sitzige Do 328 ist ein freitragender Hochdecker mit T-Leitwerk und Einziehfahrwerk am Rumpf. Als Antrieb dienen zwei am Flügel angebrachte PTL-Triebwerke mit 6-Blatt-Propeller. Der Rumpf ist als Druckkabine konstruiert und hat einen kreisförmigen Querschnitt. Die Strukturauslegung ist durch die Verwendung moderner Techniken wie Integral- und Verbundbauweise gekennzeichnet. Die Avionik ist weitgehend digital ausgeführt und verwendet zukunftsweisende Mehrfunktionendisplays im Cockpit (Airbus Look).

Technische Daten

Sitzplätze	32/34
Länge	21,28 m
Spannweite	20,98 m
Höhe	7,24 m
Flügelfläche	40,0 m^2
Triebwerk	Pratt & Whitney PW 306B 2 x 6050 lb
Abflugmasse	14 990 kg
Reisegeschwindigkeit	397 KTAS, 736 km/h in 25 000 ft Höhe
Reichweite (32 Passagiere)	825 nm, 1528 km

Obwohl die 328 Jet formal nicht mehr als Dornier-Flugzeug gilt (im Juli 1996 übernahm Fairchild die Geschäfte der Dornier Luftfahrt, ein Anteil von 20 % verblieb bei der Dornier GmbH), soll sie aber wegen der Nähe zur Do 328 und der Tatsache, dass sie ausschließlich von Dornier-Mitarbeitern entwickelt wurde, noch zur Reihe der Dornier-Flugzeuge gezählt werden.

Im Februar 1997 erfolgte die Freigabe der Entwicklung und schon am 20.1.1998 der Erstflug in Oberpfaffenhofen. Im Juli 1999 wird die Musterzulassung durch die europäische Zulassungsbehörde JAA erteilt und am 4.8.1999 die erste Serienmaschine ausgeliefert. Insgesamt 113 Flugzeuge sind gebaut worden, und im August 2008 wurde die einmillionste Flugstunde der 328 Jet-Flotte erreicht.

Die Nachfolgeprojekte 428 (50-Sitzer mit hoher Kommunalität zur 328) und 728 (70-Sitzer mit Tiefdeckerkonfiguration) wurden nicht mehr verwirklicht. Die 328 Jet ist bis auf den Antrieb mit der Do 328 weitgehend identisch. Als Antrieb dienen zwei Strahltriebwerke des Typs Pratt & Whitney PW 306B, die an Stielen am Flügel befestigt sind.

Weltrekorde

Seit Beginn der Luftfahrt werden Weltrekorde registriert. Dornier-Flugzeuge waren von Anfang an dabei, denn Weltbestleistungen, die offiziell von der Fédération Aéronautique Internationale (F.A.L) anerkannt und registriert werden, gelten als weltweite Anerkennung und Bestätigung der Leistungsfähigkeit eines Flugzeugtyps.

In der nunmehr über 50-jährigen Geschichte des Dornier-Flugzeugbaues wurden insgesamt weit über 50 Rekordflüge von Dornier-Maschinen anerkannt. Auch sämtliche nach dem Zweiten Weltkrieg offiziell für Deutschland registrierten Weltrekorde in den Klassen der Motorflugzeuge werden von Dornier gehalten.

Rekordurkunde für die Do 31 von 1969.

Wal

Die »Nutzlast« von 2000 kg Sandsäcken wurde nach dem Rekordflug vor dem Wal aufgestapelt.

Flugzeug: Do Wal (I-DAOR)
Motoren: 2 Rolls-Royce »Eagle Ix«, 360 PS
Datum: 4., 9. und 10. Februar 1925 (Pisa, Italien)
Pilot: Guido Guidi

Mit 250 kg Nutzlast
1. Geschwindigkeit auf 100 km   168,523 km/h
2. Geschwindigkeit auf 200 km   168,523 km/h
3. Geschwindigkeit auf 300 km   168,523 km/h
4. Geschwindigkeit auf 500 km   168,523 km/h

Mit 500 kg Nutzlast
5. Geschwindigkeit auf 100 km   168,523 km/h
6. Geschwindigkeit auf 200 km   168,523 km/h
7. Geschwindigkeit auf 500 km   168,523 km/h

Mit 1000 kg Nutzlast
8. Höhe   3682 m
9. Entfernung   507,380 km
10. Geschwindigkeit auf 100 km   168,523 km/h
11. Geschwindigkeit auf 200 km   168,523 km/h
12. Geschwindigkeit auf 500 km   168,523 km/h

Mit 1500 kg Nutzlast
13. Dauer   3 h 33'35"
14. Entfernung   507,380 km
15. Höhe   3682 m
16. Geschwindigkeit auf 100 km   168,523 km/h
17. Geschwindigkeit auf 200 km   168,523 km/h
18. Geschwindigkeit auf 500 km   168,523 km/h

Mit 2000 kg Nutzlast
19. Entfernung   253,690 km
20. Höhe   3006 m
21. Geschwindigkeit auf 100 km   134,514 km/h
22. Geschwindigkeit auf 200 km   134,514 km/h

Merkur

Die Piloten Mittelholzer und Zinsmaier flogen mit einem Dornier Merkur sieben Nutzlast-Rekorde.

Flugzeug: Do Merkur
Motor: 1 BMW VI, 450/600 PS
Datum: 24. und 29. Juni 1926 (Dubendorf)
Piloten: Walter Mittelholzer – Georg Zinsmaier

Mit 500 kg Nutzlast
1. Dauer   14 h 43'
2. Entfernung   2300 km
3. Geschwindigkeit auf 2000 km 163,132 km/h

Mit 1000 kg Nutzlast
4. Dauer   10 h 5'0"
5. Entfernung   1400 km
6. Geschwindigkeit auf   500 km 161,986 km/h
7. Geschwindigkeit auf 1000 km 161,986 km/h

Do D

Die Piloten Wagner (r.) und Zinsmaier (l.) flogen 1927 die Do D-Weltrekorde.

Flugzeug: Do D
Motor: 1 BMW VI, 450/600 PS
Datum: 4., 8. und 10. August 1927 (Altenrhein)
Piloten: Richard Wagner – Georg Zinsmaier

Ohne Zwischenlandung
1. Geschwindigkeit auf 2000 km   172,000 km/h
2. Entfernung   2100 km

Mit 500 kg Nutzlast
3. Geschwindigkeit auf 2000 km   172,000 km/h
4. Entfernung   2100 km

Mit 1000 kg Nutzlast
5. Höhe   5851 m
6. Geschwindigkeit auf 1000 km   175,600 km/h
7. Entfernung   1600 km

Mit 2000 kg Nutzlast
8. Geschwindigkeit auf 100 km   190,435 km/h

Superwal

Start des viermotorigen Superwal auf dem Bodensee.

Flugzeug: Do Superwal (D. R. 142)
Motoren: 4 Gnôme-Rhône Jupiter VI 480 PS
Datum: 20., 23. Januar und 5. Februar 1928
          (Friedrichshafen)
Pilot: Richard Wagner

Mit 1000 kg Nutzlast
1. Geschwindigkeit auf 100 km   209,546 km/h
2. Geschwindigkeit auf 1000 km 177,279 km/h

Mit 2000 kg Nutzlast
3. Geschwindigkeit auf 100 km   209,546 km/h
4. Geschwindigkeit auf 500 km   179,416 km/h
5. Geschwindigkeit auf 1000 km 177,279 km/h

Mit 4000 kg Nutzlast
6. Dauer   6 h l'56"
7. Entfernung   1000,160 km
8. Höhe   2845 m
9. Geschwindigkeit auf 100 km   209,546 km/h
10. Geschwindigkeit auf 500 km   179,416 km/h
11. Geschwindigkeit auf 1000 km 177,279 km/h

Mit der größten Nutzlast in 2000 m Höhe
12. Größte Nutzlast   4037 kg

Do 18

Flugzeug: Do 18 (D-ANHR)
Motoren: 2 Junkers »Jumo 205«
Datum: 27. und 29. März 1938
Piloten: Hans Werner v. Engel –
              Erich Gundermann

Entfernung auf gerader Linie   8392 km
Entfernung auf geknickter Linie   8435 km

*Glückwünsche nach dem Do 18-Rekordflug für
die Besatzung v. Engel, Stein und Rösel, Gunder-
mann (v.l.n.r.).*

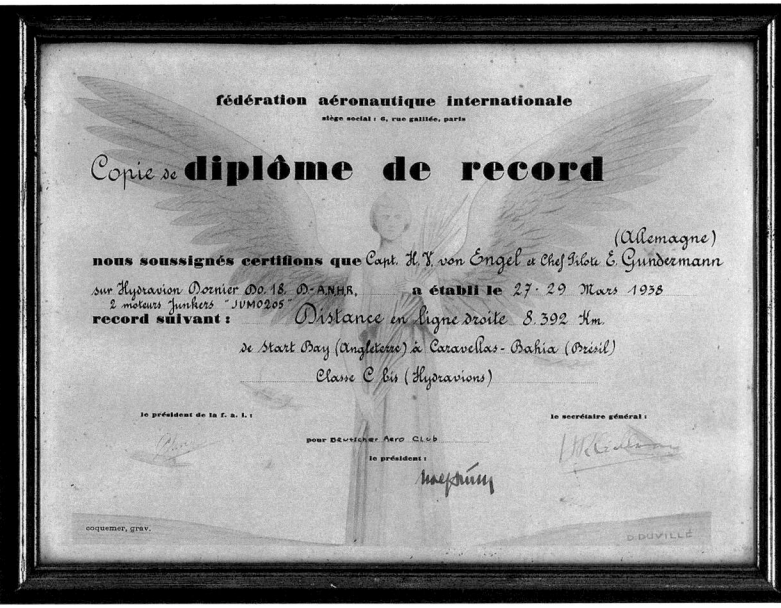

Do 31

Do 31 setzt nach Rekordflug zur Senkrechtlandung an.

Flugzeug: Do 31 E-3 (D 9531)
Motoren: 2 Rolls-Royce Pegasus 7000 kp
         8 Rolls-Royce RB 162 – 2000 kp
Datum: 27. Mai 1969 (München–Paris)
Piloten: Drury Wood – Dieter Thomas

Entfernung	681 km
Dauer	1 h 19' 30"
Höhe	9100 m
Geschwindigkeit	513,962 km/h
Geschwindigkeit über bekannte Strecke (München–Paris)	513,962 km/h

Skyservant

Der Pilot der Skyservant, Frank Tuytjens, nach dem Rekordflug.

Flugzeug: Dornier »Skyservant« (D-IBYR)
Motoren: 2 Lycoming-IGSO-540, 380 PS
Datum: 15. März 1972
Pilot: Frank Tuytjens

Höhe: Max. Höhe ohne Nutzlast   9963 m
Max. Höhe mit Nutzlast von 1000 kg   8630 m
Nutzlast:
Größte Last bis zu einer Höhe von 2000 m 1 t
Steigzeit: bis 3000 m   6,6 Min.
            bis 6000 m   16,2 Min.
            bis 9000 m   44,4 Min.

Typenverzeichnis

Register